水利工程与水电施工技术

周 峰 曹光超 宋先锋 主编

吉林科学技术出版社

图书在版编目（CIP）数据

水利工程与水电施工技术 / 周峰，曹光超，宋先锋
主编． -- 长春：吉林科学技术出版社，2019.12
ISBN 978-7-5578-6550-4

Ⅰ．①水… Ⅱ．①周… ②曹… ③宋… Ⅲ．①水利水
电工程－工程施工 Ⅳ．① TV5

中国版本图书馆 CIP 数据核字 (2019) 第 285972 号

水利工程与水电施工技术 SHUILI GONGCHENG YU SHUIDIAN SHIGONG JISHU

主　　编　周　峰　曹光超　宋先锋
出 版 人　李　梁
责任编辑　朱　萌
封面设计　刘　华
制　　版　王　朋
开　　本　16
字　　数　300 千字
印　　张　13.25
版　　次　2019 年 12 月第 1 版
印　　次　2019 年 12 月第 1 次印刷
出　　版　吉林科学技术出版社
发　　行　吉林科学技术出版社
地　　址　长春市福祉大路 5788 号出版集团 A 座
邮　　编　130118
发行部电话 / 传真　0431—81629529　　81629530　　81629531
　　　　　　　　　　　81629532　　81629533　　81629534
储运部电话　0431—86059116
编辑部电话　0431—81629517
网　　址　www.jlstp.net
印　　刷　北京宝莲鸿图科技有限公司
书　　号　ISBN 978-7-5578-6550-4
定　　价　55.00 元

前　言

　　现代水利水电工程要远比传统的水利水电施工技术先进得多、复杂得多。并且现代水利水电工程为我国做出了巨大的贡献。我国水利水电领域在现代水利水电工程施工技术方面虽然有了一定的研究，并且取得了很大的成就。但是在实际的水利水电施工过程中，仍有一些施工技术不能达到很好的效果，严重地影响了我国现代水利水电工程的建设。因此，在我国今后的水利水电工程领域的发展中，要加强对施工技术的重视和研究，同时在研究中逐渐的将对现代水利水电工程施工技术的研究纳入到该领域研究的一个重要课题之一，从而促进现代水利水电工程的建设和发展。

　　水利工程和水电施工技术的发展与建设有着悠久的历史，并且在实际的施工过程中，也逐渐地形成了一套自身的施工方法。然而这种传统的施工方法在很大程度上还处于一种劳动密集型的施工作业，并且更为严重的问题是，很多人都只注重其施工建设的数量，而很少人致力于水利工程与水电施工的技术，因而使得传统的施工方法技术含量较低。在科学技术高速发展的当下，水利水电工程建设规模越来越大，发展速度越来越快，如果还持续的使用传统的方法，那么则不利于该领域的发展。因此，水利工程与水电的施工技术必须更加注重施工的技术含量，从而提高现代水利水电工程建设的质量和速度。

前　言

目 录

第一章 水工建筑物及其建筑材料

第一节 水工建筑物的类型及特点

一、水工建筑物的定义

水利工程中常采用单个或若干个不同作用、不同类型的建筑物来调控水流，以满足不同部门对水资源的需求。这些为兴水利、除水害而修建的建筑物称水工建筑物。

二、水工建筑物类型

（一）按具体水利枢纽中所起的主要作用分类

1. 挡水建筑物：坝、闸和堤防等。泄水建筑物：溢洪道、泄洪洞等。
2. 输水建筑物：输水洞、引水管、渠道。取水建筑物：进水口、进水闸、扬水站。
3. 专门建筑物：电站厂、船闸、升船机、鱼道、筏道等。
4. 整治建筑物：用来整治河道、改善河道的水流条件，如丁坝、顺坝、导流堤、护岸等。

（二）水工建筑物的分级

水利水电工程中的永久性水工建筑物和临时性水工建筑物，根据其所属工程级别及其在工程中的作用和重要性划分为五级和三级。

三、水工建筑物的特点

（一）工作条件复杂

自重、风雪压力、地震作用、水压力、风浪等。

（二）施工的艰巨

（1）野外施工：深山老林、无水无电、生活难。（2）解决河道来水：导流、截流、地下水等。（3）地基处理：岩石开挖、洞挖、地基的复杂性。（4）规模宏伟：工程量大、工期长、受气候影响。

（三）水工建筑物的独特

受地形、地质、水文、气象、技术、经济等方面的影响，各水工建筑物大小、形式不同。

第二节　　水工建筑材料

水工建筑材料是可用以修建水工建筑物的各种材料的总称。水工建筑材料随着社会生产力的发展而逐步发展。中国古代早有"筑土御水"之说。战国时代水利事业获得发展，在这一时期修建的都江堰工程使用了大量的竹子、木材、砂石料和粘土。南朝梁天监十三年（514）在修建浮山堰中曾应用铁件贯串石块筑堤。明代《天工开物》中详细记载了用糯米石灰三合土修建贮水池的方法。19世纪以来，建筑钢材、水泥、混凝土和钢筋混凝土相继问世，成为主要的建筑材料。20世纪又有多种具有特殊性能的水泥、混凝土外加剂、防水材料、合成高分子材料和预应力混凝土等逐步得到发展和应用。水工建筑物由于经常受到水的压力、水流冲刷、磨损、冻融或干湿循环等作用，出现混凝土冻胀破裂、收缩开裂、腐蚀、空蚀、化学侵蚀、海生物侵蚀、钢材锈蚀、木材腐蚀、沥青与合成高分子材料老化等问题，都较其他建筑物严重，需要重视。建筑材料按其组成物质可分为四大类。①矿物质材料，包括天然土、砂、石及其加工制成的材料，如烧土制品（砖、瓦等）、无机胶凝材料（石灰、石膏、各类水泥等）、砂浆及各种混凝土等；②有机材料，包括木材、竹材、沥青、合成高分子材料（如环氧树脂、聚乙烯树脂）等；③金属材料，包括黑色及有色金属材料；④复合材料，即由上述两种或两种以上材料组合构成的材料，如沥青砂浆、环氧混凝土、土工织物等。水利工程使用的建筑材料种类繁多，现择要说明如下。

一、土石坝材料

用于修建土石坝的天然土、砂、石料。天然材料的性质、数量和分布以及能否合理选用，直接影响土石坝的质量和造价。土石坝材料的运费一般占土石坝造价的50%～60%，如能就地、就近取材，缩短运距，就可以大幅度降低土石坝的造价。材料选用一般要满足以下要求：①具有与使用目的相应的工程性质，如防渗料有足够的防渗性能，坝壳料有较高的强度，反滤料有良好的级配和排水性能等；②材料性质比较稳定，如在大气和水的作用下不致严重风化变质，在渗流作用下不致因可溶盐溶蚀而造成渗流通道，在高水头作用下有足够的抗管涌能力等；③便于施工，如要求土料含水量在最优含水量左右，无超径料等。土石坝材料分类：①按材料性质可分为土料（含细粒粘性土及砾石土）、砂砾料和石料（含天然卵石、漂石及开采的碎石岩块）；②按渗透性可分为不透水料、半透水料及透水料；③按材料用途及填筑部位可分为防渗料、坝壳料、反滤料、过渡料及护坡料。

二、防渗料

坝体内减小坝身渗流量的材料一般要求：①有足够的防渗性能，对均质坝渗透系数不大于 $1 \times 10^{-4} \mathrm{cm/s}$，对心墙或斜墙不大于 $1 \times 10^{-5} \mathrm{cm/s}$；②无过量的可溶盐和有机质；③有较好的塑性和渗透稳定性；④浸水与失水时体积变化较小；⑤便于施工。具有以上性质的粘性土、砾石土、风化砾石土、开挖出来的风化岩、人工掺和的砾石土都可作为防渗料。

三、坝壳料

主要用于保持坝身稳定的材料。一般要求有较高的强度，在下游坝壳水下部位及上游坝壳水位变动区还要有较高的透水性。砂、砾石、卵石、漂石、料场开采和由建筑物地基开挖的石料都可作为坝壳料。堆石坝早期采用高处抛填配以射水冲实的方法，对石料质量要求严格；20 世纪 60 年代以来，堆石坝改用薄层铺筑，振动压实的方法，风化岩、软岩石等材料在高坝中得到大量应用。

四、反滤料

在防渗料和坝壳料之间为防止渗透破坏，防止细粒土流失而设置的材料。防渗体和坝壳的粒径及刚度相差很大，为避免坝体内刚度突变，常在中间设置过渡料。一般过渡料也兼有反滤料的作用。这两种材料的合理使用都是保证土石坝安全运行的重要措施。反滤料和过渡料应具有以下性质：①一定的颗粒级配；②一定的透水性；③质地致密坚硬，具有较高的抗水性和抗风化能力。一般选用天然砂砾料或爆破后的岩块再经人工破碎、筛分。

五、护坡料

保护土石坝坝坡的材料，可用抛石、干砌石、浆砌石、混凝土、沥青混凝土以及草皮等材料。上游护坡石料要求质地坚硬，不易风化，石块尺寸能抵抗风浪淘刷。下游护坡主要防止雨水冲刷，可用砌石、碎石、草皮等材料。

六、混凝土

由胶凝材料、骨料、水及其他掺和料按一定比例拌制的拌和物。它是用途极为广泛的建筑材料，种类很多：①按胶凝材料分，有水泥混凝土、沥青混凝土、硅酸盐混凝土及聚合物混凝土；②按容重分，有重混凝土（容重大于 $2700 \mathrm{kg/m^3}$）、普通混凝土（容重为 $1900 \sim 2600 \mathrm{kg/m^3}$）和轻混凝土（容重小于 $1900 \mathrm{kg/m^3}$）；③按使用功能分，有水工混凝土、建筑混凝土、道路混凝土、耐火或耐酸和防射线混凝土等；④按施工工艺分，有常规混凝土、碾压混凝土、喷射混凝土及泵送混凝土；⑤按强度标号分，有低标号、高标号和超高标号混凝土。此外还有按某种特征（材料、工艺、配筋、结构、性能等）来命名，以区别于其他混凝土，如加气混凝土、无砂混凝土、浸渍混凝土、钢筋混凝土、纤维混凝土、干硬性混凝土、高流态混凝土、预填骨料压浆混凝土等。用得最多的还是由水泥、砂、石和水配制的普通混凝土以及配有钢筋的钢筋混凝土。普通混凝土中的水泥和水形成水泥浆，包裹骨料表面并填充中间空隙；在硬化前起粘聚、润滑作用，使混凝土拌和物易于拌匀、浇筑和振捣；在硬化后形成水泥石，把骨料胶结成一整体。混凝土的原材料丰富，适应性强，但抗拉强度较低，性脆易裂，可配以钢筋或纤维，制成加筋混凝土来适当弥补上述缺点，扩大使用范围。混凝土的工作性，又称和易性，是指混凝土拌和物在施工过程中（拌和、运输、浇筑及振捣）保持均匀密实而不分层与不离析的性能。它综合反映了拌和物的流动性、粘聚性、保水性及易密性。常用坍落度（标准圆柱形混凝土拌和物试件下坍的厘米数）作为流动性指标。坍落度为零的混凝土称干硬性混凝土。混凝土强度一般指抗压强度，是混凝土最重要的性质，通过标准试块测定。用规定方法制取的标准试块，在标准条件下养护，按龄期（从加水拌和成型至强度测试止的天数）28天的抗压强度而划分的等级称为混凝土标号。中国水工混凝土分为75、100、150、200、250、300、400、500及600等9个标号。决定混凝土强度的主要因素是水泥标号和水灰比（拌和物中拌和水量与水泥用量的重量比）。混凝土的其他强度，如抗弯强度约为抗压强度的 1/5 ~ 1/8，直接抗剪强度为抗压强度的 1/4 ~ 1/6；抗拉强度为抗压强度的 1/9 ~ 1/15。混凝土的弹性模量，随标号增高而增大；其抗裂性能通常以极限拉伸值（轴向拉伸断裂时的极限拉应变）作为指标。混凝土的耐久性指其抵抗随时间而引起性能与状态改变的能力，通常包括抗渗性、抗冻性、抗磨性、抗侵蚀性等。合理选择水泥及其他原材料、严格控制水灰比、优化配合比设计、掺用适当的外加剂、采用表面保护处理以及加强施工质量控制，可以提高混凝土的耐久性。混凝土的主要组分为水泥、砂、石及水，还有掺和料及外加剂。

七、水泥

水硬性胶凝材料，加入适量水后，成为塑性浆体，能在空气中硬化，也能在水中硬化，把砂石等散粒材料胶结在一起。水泥种类很多：①按其主要水硬性物质名称分为硅酸盐水泥、铝酸盐水泥和硫铝酸盐水泥等；②按其用途及性能分为通用水泥（如普通硅酸盐水泥、矿渣硅酸盐水泥）、专用水泥（如油井水泥、砌筑水泥）和特种用途水泥（如快硬高强水泥、大坝水泥、膨胀水泥等）。用水泥制成的砂浆或混凝土坚固耐用，在水工建筑物中广泛应用。硅酸盐水泥也称波特兰水泥，是硅酸盐类水泥的基本品种。当其生料烧至部分熔融，得到以硅酸钙为主要成分的硅酸盐水泥熟料，加入适量石膏共同磨细而成；如掺以粒化高炉矿渣，称矿渣硅酸盐水泥；掺以火山灰混合材，称火山灰质硅酸盐水泥。为适应水利工程的需要，中国还生产大坝水泥、抗硫酸盐水泥和灌浆水泥等。大坝水泥主要用于要求水化热较低的大坝或大体积混凝土工程。抗硫酸盐水泥用于受硫酸盐侵蚀、冻融和干湿作用的河港工程及地下工程。灌浆水泥具有凝结时间较长，流动性较好和吸水性较小的特点，适用于固结灌浆、帷幕灌浆和接缝灌浆，还可用于密封伸缩缝和修补裂缝等。

八、骨料

砂与石子的总称。一般粒径为 0.15 ~ 5mm 的骨料为砂，也称细骨料；粒径大于 5mm 的骨料为石子，也称粗骨料。产自天然河床或岸上的称天然骨料；开采岩石经机械破碎、粉磨、筛分而成的称人工骨料。一般天然骨料成本较低，宜优先使用；如天然骨料储量不足，或质量较差，或附近无天然骨料，运距较远，则采用人工骨料或以其补充调剂。骨料一般占混凝土体积的 3/4 以上，起骨架作用，并可减少混凝土因水泥硬化、干缩湿胀而引起的体积变化。其物理力学性能对混凝土的性能有直接影响，故需慎重选用。砂一般不分级（也有分两级的）。石子分为 4 级，即小石、中石、大石和特大石，各级的最大粒径分别为 20、40、80 和 120mm（或 150mm）。根据建筑物断面和钢筋间距大小，一般结构选用二级配或三级配，四级配多用于大断面素混凝土。骨料的粒径越大，越能节约水泥，但限于施工设备及工艺条件，一般最大粒径约为 120mm。骨料的生产流程如转运次数过多，高差太大，导致骨料破碎、分离和超逊径过量，将严重影响混凝土质量和均匀性，必要时须二次筛分。有碱活性反应的骨料不宜使用。

九、外加剂

为改善混凝土某些物理力学性能或改善施工条件所掺用的化学制剂及工业副产品，有：降低混凝土拌和用水、节约水泥的减水剂；改变混凝土凝结时间的缓凝剂或速凝剂；提高混凝土耐久性的加气剂；易于泵送或生产高强混凝土的高效减水剂等。中国水工建筑物中常用的外加剂有亚硫酸纸浆废液、木质磺酸钙、糖蜜或糖蜜酒精废液、加气剂、松香热聚物等。有时使用有两种以上外加剂的复合制剂，冠以不同商业名称，既起减水作用，兼有引气或缓凝作用；对大体积混凝土，复合制剂既可降低水泥用量，减少水化热，又可降低和推迟温峰，对温度控制、防止裂缝都有积极作用。有的外加剂对水泥有选择性，选用时除根据厂家说明书外，还需预为验证。

十、掺和料

在水泥熟料中掺以天然或人工的矿物质材料，用以调节水泥标号，降低水化热，改善混凝土和易性与密实性，提高抗侵蚀能力，防止碱骨料反应等。有的掺和料与水泥产生化学作用，生成水化产物的称为活性混合材，如火山灰、页岩、浮石、硅藻土、凝灰岩、粉煤灰等；有的仅起填充作用或改善和易性，不产生水化产物的称为惰性混合材，如石粉、粘土等。使用最为广泛的掺和料为粉煤灰，对改善水工混凝土性能比较显著，对节约水泥用量，降低工程成本也有显著的经济效益。

十一、砂浆

由胶凝材料、细骨料和水等按一定比例配制的拌和物。它常以薄层使用，起粘结、传递应力、衬垫以及表面装饰和防护作用，主要用于砌筑砖、石、预制块体和表面抹灰等。按胶凝材料的不同，可分为下列数种。①水泥砂浆：在水利工程中使用最多，适用于砌筑处于水中或潮湿环境的砌体；②石灰砂浆：常用于对强度要求不高的砌体；③混合砂浆：掺有适量混合材料的水泥和石灰砂浆；④沥青砂浆：由沥青与石粉、细骨料加热拌匀，铺筑压实，多用于路面、防水层、伸缩缝等；⑤树脂砂浆：由合成树脂加入固化剂、粉料和细骨料调制而成，用于防腐蚀、抗冲磨护面等；⑥聚合物水泥砂浆：以聚合物与水泥共同制成的胶凝材料，用于护面、防水层、粘结剂等。砂浆按抗压强度等级划分砂浆标号。中国在水工建筑物中常用的标号为 25、50、100、150 和 200 号。

十二、有机材料

水工建筑常用的有机材料主要有以下几类。

（一）木材

由树木加工而成的材料。它是最古老的建筑材料之一，其特性是质轻、强度较大，弹性和韧性好，抗冲击能力较强，导热性小，电绝缘性强，加工性能好。水利工程常用作模板、脚手架、渡槽、闸门、施工便桥以及房屋装修和生活办公用具等。人造板材是节约及综合利用木材的重要手段。大部分人造板材的原料都是木材采伐加工过程中的剩余物，经机械捣碎，加入适量胶料或粘合剂，压制成型。这种板材强度较高、胀缩小，耐腐蚀，弥补了天然木材的一些缺陷，发展较快，应用广泛。

（二）沥青

由复杂的高分子碳氢化合物及其非金属（氧、硫、氮）衍生物混合组成的有机胶凝材料。它能溶于二硫化碳等有机溶剂中，在常温下呈固态、半固态或液态，具有良好的粘结性、憎水性、塑性及抗酸碱腐蚀能力。水利工程如渠道、蓄水池、堤防护面、大坝和坝基的防渗体以及伸缩缝、止水井的灌注等多使用粘滞性较低、塑性好的道路石油沥青。

（三）合成高分子材料

由分子量在几千以上的化合物构成的有机材料，又称高聚物，如塑料、橡胶、纤维、涂料、粘合剂等。按其来源可分为天然与合成两类；按其化学结构主要分为链状的线型分子和网状的体型分子结构；按其生成反映可分为加聚物和缩聚物。

（四）合成树脂

是指一些类似树脂的高分子化合物，以合成树脂为主要成分，掺入（或不掺）填料、增塑剂、稳定剂等塑制成型的材料称塑料，如聚乙烯、聚氯乙烯等。水利工程中塑料可代替部分止水铜片；塑料薄膜可用于渠道、蓄水池的防渗衬砌。塑料与玻璃纤维或其织物的层叠材料称玻璃纤维增强塑料，也称玻璃钢，用于钢丝网水泥薄壁构件和溢流面的护面层。多孔塑料板可用于排水系统；泡沫塑料板可用于混凝土的表面保温。

（五）合成橡胶

是具有可逆形变的高弹性合成高分子化合物。常用的合成橡胶有氯丁橡胶、丁苯橡胶等，用于闸门的止水材料；合成橡胶与锦纶或其他帆布组合的层叠材料可用作橡胶坝的坝袋；其乳液作为外加剂可提高水泥混凝土的塑性。

（六）合成纤维

是全人工合成的线性高分子化合物抽成的纤维。工程上常用的有聚酰胺（商品名锦纶、尼龙、卡普隆）、聚丙烯等。纤维织物可用以代替传统的砂砾石反滤层或梢料沉排，或做成巨型砂袋堆筑堤坝。

（七）合成高分子材料

耐久性较差，易于老化，在氧气、紫外线和热的作用下，化学结构逐渐破坏，导致性能变差。但如用于水中或地下工程，寿命也可延长。

（八）环氧树脂

含有环氧基的合成树脂，呈粘性液体或半固体，需掺一定数量的硬化剂（也称固化剂、高联剂），使其硬化成热固性树脂。水利工程中主要使用胺类硬化剂如乙二胺、间苯二胺，在干燥条件下效果较好；当用于潮湿表面和水下，则需选用耐水的硬化剂，如酮亚胺、聚酰胺，或掺入促进剂如煤焦油，其粘结强度与混凝土本身抗拉强度基本相同。在环氧树脂中还常根据不同用途掺入各类稀释剂、增韧剂和填料等。例如以糠醛、丙酮或二甲苯作稀释剂，其溶液可用于 0.1mm 以上的裂缝灌浆；以金刚砂为主要填料的胶泥可用作水轮机过流部件的抗磨损涂层。在配制与使用环氧树脂时，要注意防毒、防火和避免污染环境。

（九）金属材料

分黑色金属与有色金属两大类。铁、铬、锰称黑色金属；黑色金属以外的金属统称有色金属。钢是铁和碳等元素组成的铁碳合金。水利工程较多使用普通碳素钢与普通低合金钢（也称低合金高强度钢）。建筑用钢大多将钢材制成线材或型钢使用，如圆钢、方钢、扁钢、角钢、槽钢、工字钢、钢轨、钢板、钢带、钢管、钢丝等。钢筋用于钢筋混凝土结构，分光面钢筋和螺纹钢筋。前者用普通碳素钢热轧制成；后者用普通低合金钢热轧制成。

（十）复合材料

水工建筑物常用的复合材料有：①以沥青为基材的防水材料。其品种很多，例如：与纸脂、玻璃纤维布、麻布或再生胶组合成各类防水卷材；与某些合成树脂配成防水油膏；与粉状或纤维状矿物填充料组成沥青胶，再加砂、石配成沥青砂浆或沥青混凝土。②以水泥、石英粉、砂、石等作填料，掺入环氧树脂组成环氧砂浆或环氧混凝土，多用于镶面石的砌筑或勾缝、水泥混凝土的粘合（包括新老混凝土粘合）、已浇混凝土坑洞或大裂缝的修补以及用于抗磨损、抗空蚀、防渗等保护层。③土工合成材料是以人工合成的聚合物为原料（包括各种塑料、合成纤维、合成橡胶等）应用于土木建筑工程的新型材料，主要分为土工织物、土工薄膜及特种土工合成材料。制造土工织物的原料以丙纶及涤纶最多，其次是锦纶。土工织物的功能是隔离、排水、反滤、增加强度、用作路基垫层等。制造土工薄膜的原料有沥青、天然橡胶、合成橡胶以及各种塑料。土工薄膜主要用于防渗，如土石坝的直立或倾斜防渗层、闸坝上游铺盖防渗层、混凝土坝挡水面防渗层以及渠道防渗等。特种土工合成材料可以代替土工织物，也可与土工织物组合使用，主要品种有带状织物、席垫、土工网、土工格栅、成型的塑料板等。

第三节　水工建筑物结构的设计

水工建筑物结构的设计是一门综合性较强的学科，在具体的设计工作中具有跨科学性。近年来，我国水工建筑物结构设计在人文性和功能性上的发展较为明显，但在安全性方面的发展还有一定的差距。因此，相关设计人员应该加强对技术的提升工作，不断学习，完善自身的设计经验和实践知识。我国在某些技术上还是有一定的漏洞，需要技术人员不断进行研究，提高职业技能，保障供水安全和生态环境的建设，通过合理规划进一步提升水工建筑物的结构质量。

一、水工建筑物结构设计的意义

水工建筑物结构设计是水工建设的重要因素，是整个水工建设的关键，直接关系着水工建筑物的建设质量。水工建筑物结构设计是一项复杂系统的工作，需要工作人员全面进行建筑结构的设计规划工作，重视长远规划，水工建筑物结构设计对技术的要求比较高。在总体研究设计的基础上，通过对基础设施的不断完善，在设计的过程中严格按照国家标准进行规范操作，并且，水工建筑物结构设计在实施的过程中需要进行全方位的统筹工作，要全面考虑水工建筑项目和工程的实际情况，确保完善的水工建筑物结构设计，有效提升水工建设的施工质量，在充分保证施工效率和质量的基础上尽可能降低建筑物的施工成本。

完善结构设计中存在的问题，发挥水工建筑物结构设计的优势，在城市发展中凸显优势，促进水工建设的质量提高，完善水工建筑物结构设计的管理。

二、水工建筑物结构设计存在问题

（一）相关部门对水利工程建筑工程的勘查工作不彻底

在水工建筑物施工之前要对建工建筑物的施工特点和周边环境进行全面细致的勘查工作，找出施工准备中存在的不足并及时进行修正和完善，要优化水工建设的施工环境和施工条件，加强基础设施的完善。然而在实际的施工过程中，很多建筑单位为了追求短期的高效率，缺乏对工程施工的勘查工作，或者对施工环境及条件的勘查程度不够。勘查力度不足，勘查效果不明显，使得一些工作无法在后期工作中顺利开展，严重影响整个工程施工的进度，也无法有效控制工程施工的成本预算，造成后期施工中的资金不足等现象的发生，极大地影响整体施工的质量。

（二）水工建筑物结构设计的等级不明确

水工建筑物的结构设计需要按照相应的标准规范操作，设计等级不明确会在不同程度上造成施工质量的下降和施工成本的增加。水工建筑物的结构设计工作需要保持在相应的标准范围内，过高或过低都会对工程施工产生影响。如果结构设计标准过高，结构设计就会与水工建筑的实际施工标准不相符合，从而提高成本，导致资源和资金的严重浪费。相反，如果结构设计标准过低，设计效果就无法满足工程的质量要求，这种情况下，工程质量得不到满足，甚至会危及工人的生命财产安全，给工程施工带来严重的负面影响。因此，无论过高还是过低的等级标准都会影响到工程施工的质量。

（三）水工建筑物结构设计中缺少足够的数据资料支持

在水工建筑物结构设计的过程中，设计人员需要在实际施工之前参考相应的数据资料作为结构设计的依据，在某些地质资料、气候资料和水文资料等方面，需要足够的参考资料才能做出准确的判断。但在实际的施工设计环境下，有些水工建筑物的地理位置比较偏僻，资料的收集具有一定的难度，无法及时准确地收集到全部的资料，有时会由于各方面的因素影响，收集到错误的信息，这会严重影响结构设计的正确性和有效性。

（四）水工建筑物结构的设计较少着眼于长远

水工建筑物的结构设计是一项复杂且高专业性的工作，在设计的过程中需要根据各方面的影响因素进行全面长远的规划工作，设计要求比较高，长远的规划是必需的。但在实际的施工设计环节中，有些施工单位为了追求短期的利益，缺乏对工程规划的长远考虑，忽视了水工建筑物结构设计的长远发展，在设计理念和安全性方面无法真正做到长远的规划，这在一定程度上会影响水工建筑物设计的效率和质量，无法充分保障结构设计的质量，导致后期工作无法顺利开展，还会带来不必要的麻烦。

三、影响水工建筑物耐久性的原因

（一）施工材料

水工建筑物主要是利用钢筋与混凝土两部分共同组成，若其中任何一方出现质量问题便会对建筑物的整体结构耐久性造成极大影响，还会因建筑物周边环境、气候条件等各方面因素受到病害，从而会导致水工建筑物的耐久性降低。

（二）施工技术

在水工建筑物施工过程中，由于部分施工人员综合素质较低，因此无法掌握合理的施工技术，同时也没有充分掌握水工建筑物耐久性的重要性。另外，部分施工人员不具备较强责任心，因此在施工过程中没有严格按照相关施工规范进行施工。

（三）环境因素

水工建筑物的所处位置、环境比较特殊，尤其是针对海边的水工建筑物，其在使用过程中，便会受到海水中盐分的腐蚀。另外，当污水与钢筋混凝土结构互相接触，便会导致其保护层遭到破坏，从而导致水工建筑物的整体耐久性受到影响。

四、完善水工建筑物结构设计对策

（一）做好相应的招标投标工作

水工建筑物结构设计是一项十分复杂的工作，要求专业性极强，专业程度比较高，系统的工作要求需要相关施工单位和负责部门加强相关的准备工作，因此，在进行招标投标的工作中，需要严格按照国家规定的标准进行，按照国家的相关招标程序严格执行，要经过相关各部门的层层审核制度，按照工程施工的实际需要，找出符合工程施工的最佳方案，避免在招标过程中出现任何暗箱操作的不良现象，严重影响工程施工的后续工作。

（二）明确结构设计的等级标准

明确等级结构设计工作是水工建筑物结构设计工作的关键，等级标准是结构设计的前提，过高或者过低的设计都会对工程施工造成一定的影响。因此，在进行水工建筑物结构设计的过程中，要充分考虑工程的规模、工程建成产生的效益、建筑物的相应类别等因素，在进行科学设计的基础上保证等级标准设置符合工程的实际施工和标准规范，充分把握结构设计的等级标准，避免出现过高或过低的设计等级，才能有效降低施工成本，提高水工建筑物的施工质量，保证整个工程的后期工作顺利开展。

（三）加强结构设计的施工图的审查工作，完善数据资料

对设计图纸进行审查是充分保障水工建筑物结构设计的基础，图纸审查也是确保水工建筑物质量的重要手段，从我国目前水工建筑物结构设计的发展态势来看，我国水工建筑物结构设计还处于初步阶段，图纸审查的技术水平也相对较低，审查工作不规范，图纸审查力度严重不足。针对当前这种情况，水工建筑单位应该积极完善图纸的审查工作，加强图纸审查的系统性、规范性审查活动，积累图纸经验，不断完善图纸审查的方法和技巧，提高图纸审查的技术水平，科学地选择审查方式对水工建筑物结构设计进行恰当的审查，制定相应的审查制度并严格执行，从而增强图纸审查的有效性和准确性。还要注重相关数据资料的收集和整理工作，不断完善数据资料，及时记录相关工作数据，积累数据经验，为后期工作提供足够的参考。

（四）加强对水工结构的节能设计和项目管理

从当前我国整体的发展态势来看，节能设计是水工建筑物结构设计的重要发展趋势，国家倡导生态节能发展理念，水工建筑结构设计人员在设计的过程中应该加强节能理念，从用电设备、工程设计等方面进行节能设计的加强，要严格根据国家技术标准，依照工作实际施工要求，合理分析水工建筑的节能效果，确保水工节能措施的加强。此外，还需要加大项目管理力度，工程管理人员要加强项目管理工作，充分了解水工建筑物的相关影响因素，严格按照国家标准进行项目管理和结构的设计工作，从而保障设计质量，提高水工建筑物结构设计的效果，进一步满足工程设计的要求，强化设计理念，提升结构设计的层次和水平。

水工建筑物结构设计是水工建筑中的重要内容，水工建筑物结构的设计工作质量关系整个水工建筑的顺利发展，应该引起各企业和人们的广泛关注。从目前的发展态势来看，我国水工建筑物结构设计的发展比较迅速，但在发展的过程中还存在着诸多问题，等级标准不明确、缺少足够的数据资料作为项目实施的依据、经济观念的缺失等问题严重影响着水工建筑物结构的设计和发展，因此，必须加强对水工建筑物结构设计的研究工作，进一步提高水工建筑物结构设计的效率和质量。

五、提升水工建筑物耐久性的策略

（一）选用优质施工材料

在水工建筑物开始施工之前，便要选用优质、合理的施工原材料进行施工。要让供货商提供建筑材料的质量检测文件，在材料入场之前也要进行严格的抽样检测工作，才能从根本上保证水工建筑物的整体耐久性。

（二）合理控制水灰比、水泥用量

水灰比与水泥用量是影响钢筋混凝土结构耐久性的重要因素，因此要将水灰比与水泥用量严格控制，才能提升水工建筑物整体的耐久性与施工质量。

（三）提升施工质量

在水工建筑物竣工之后，要按照国家标准对其施工质量进行严格审查。同时在施工过程中，监理等施工管理人员、企业要控制好施工过程中的每一个环节，才能从细节上控制好水工建筑物的整体质量、耐久性。

第二章　水利水电工程施工测量与组织

第一节　常用测量仪器

水利水电工程施工常用的测量仪器有水准仪、经纬仪、电磁波测距仪、全站仪、全球定位系统（GPS）等。

一、水准仪分类及作用

水准仪按精度不同可分为普通水准仪和精密水准仪，国产水准仪按精度分有 DS05、DS3、DS10 等。工程测量中一般使用 DS3 型微倾式普通水准仪，D、S 分别为"大地测量"和"水准仪"的汉语拼音第一个字母，数字 3 表示该仪器精度，即每公里往返测量高差中数的偶然中误差为 ±3mm。另外还有自动安平水准仪、数字水准仪等。

水准仪用于水准测量，水准测量是利用水准仪提供的一条水平视线，借助于带有分划的尺子，测量出两地面点之间的高差，然后根据测得的高差和已知点的高程，推算出另一个点的高程。

二、经纬仪分类及作用

经纬仪按精度不同可分为 DJ07、DJ1、DJ2、DJ6 和 DJ10 等，D、J 分别为"大地测量"和"经纬仪"的汉语拼音第一个字母，数字 07、1、2、6、10 表示该仪器精度。按读数装置不同可分为两类：测微尺读数装置；单平板玻璃测微器读数装置。

经纬仪是进行角度测量的主要仪器。它包括水平角测量和竖直角测量，水平角用于确定地面点的平面位置，竖直角用于确定地面点的高程。另外，经纬仪也可用于低精度测量中的视距测量。

三、电磁波测距仪分类及作用

电磁波测距仪按其所采用的载波可分为：用微波段的无线电波作为载波的微波测距仪；用激光作为载波的激光测距仪；用红外光作为载波的红外测距仪，后两者又统称为光电测距仪。

电磁波测距仪是用电磁波（光波或微波）作为载波传输测距信号，以测量两点间距离的。一般用于小地区控制测量、地形测量、地籍测量和工程测量等。

四、全站仪及其作用

全站仪是一种集自动测距、测角、计算和数据自动记录及传输功能于一体的自动化、数字化及智能化的三维坐标测量与定位系统。

全站仪的功能是测量水平角、天顶距（竖直角）和斜距，借助于机内固化的软件，可以组成多种测量功能，如可以计算并显示平距、高差以及镜站点的三维坐标，进行偏心测量、悬高测量、对边测量、面积计算等。

五、全球定位系统（GPS）

全球定位系统（Global Positioning System，GPS）是拥有在海、陆、空全方位实时三维导航与定位能力的新一代卫星导航与定位系统。GPS 具有全天候、高精度、自动化、高效益等显著特点。在大地测量、城市和矿山控制测量、建筑物变形测量、水下地形测量等方面得到广泛的应用。

第二节　施工测量

由于水利工程的施工环境比较复杂，为了保证工程的施工质量，在施工阶段需要做好工程测量工作，为施工方案的制定以及施工管理工作的开展提供重要的依据。水利工程施工阶段的测量主要是在施工之前和施工的过程中，根据工程的设计以及进度要求，对施工现场的构筑物、建筑物以及路线等的形状、位置以及尺寸等进行详细的测量，确保测量数据的准确性，通过获取的数据信息，为水利工程施工提供有利的参考依据。水利工程测量工作质量直接关系到施工质量，是工程是否能够达到设计标准的关键要素，为保证水利工程施工测量工作的质量，需要严格按照规范标准的要求执行，做好测量设备仪器的管理工作，加强测量人员的技能培训，为测量工作的高效开展打下良好的基础。

一、水利工程施工测量的准备工作

（一）熟悉工程施工图纸

为保证水利工程施工之前测量工作的质量，需要详细了解施工图纸和设计图纸，明确工程的设计意图。测量人员也可以与设计人员以及施工人员进行技术交流，了解各方对测量工作的要求，从而为测量工作的开展提供明确的方向。通过对施工图纸的理解，掌握施工场地的详细位置，明确工程测量的范围，并且熟练掌握施工图纸中标注的平面控制点和高程控制点，为测量工作的开展提供有利的依据，以确保测量数据具有针对性，能够为工程施工提供有利的参考依据。

（二）确定水利工程施工测量的测量精度

测量数据的精度直接关系到施工质量，所以在开展测量工作之前，需要对施工测量的精度要求有明确的了解，以便在实际测量工作中有效的控制测量误差。不仅要对工程测量的相关规范要求有所了解，同时还要结合水利工程的施工特点，以及各个测量项目的具体要求确定测量精度，为测量工作的开展提供有利的条件。

（三）检校施工测量仪器

测量仪器是测量工作的重要设备，测量仪器的性能直接关系到测量数据的精准度，所以在施工测量工作之前，需要对测量仪器进行校验，保证测量仪器能够正常使用。为了保证测量仪器校验工作的科学性，除了测量人员的校验外，还应该定期由专业的仪器校验机构进行检验，并且还要出具校验单，一方面可保证测量工作的精准度，另一方面为工程的竣工验收提供依据。

二、水利工程施工测量的基本步骤

（一）复测控制点

对于水利工程建设方提供的控制点不能直接的进行测量，而是要经过复测与复核后才可以进行使用，才可以进行施工测量，同时，还要将复测报告反馈给建设方。

（二）施工控制网的建立

通常情况下，在控制点复测合格后，要根据水利工程施工处的地形以及可以被利用的地位来建设施工控制网，应该注意的是，施工控制网的建设要有全局观念，要考虑到水利工程的建设需要，同时，还要将控制点放置在通视条件好以及控制范围相对广阔的场所。

首先，要根据提供的资料进行选择，水电工程测区区地形图通常比例尺为1：2000，并且经过现场勘探可以了解原有的导线点、三角点以及水准点的标志现状，并且对水利工程建设处的地形以及自然情况进行了解，然后根据平面控制网进行技术选择，同时，要选择那些稳固且保存完好的三角点来推算出控制网点的大地坐标并且还要推算出施工坐标，然后，布设一级平面控制网点。其次，在控制网点方案确定之后，确定方案，要将基础挖到基岩，并且在顶部安装中心开孔直径为16mm的钢板，作为强制归心的仪器平台，在全部埋设工作完成后，经过一段时间后进行外业观测工作。水利工程建设开始之后，施工单位要根据建设的分工程，对首级控制网进行复核，同时要将复测成果交给建设方的监理进行审核，审核结果符合水利水电工程的施工规范要求的精度后，再回馈到施工单位来使用。但是，如果建设方的施工控制点与要求的精准度不相符，那么建设方要及时通知施工单位，还要根据水利水电工程的测量要求对其提出返工的要求，并将测量监理审核后再回馈给施工方。

（三）施工放样

为了保证施工放样数据的准确性，要利用业内与业外相分离的方法来进行施工放样工作，同时，还要根据水利工程的设计图纸以及施工要求进行相应的施工放样工作。比如在施工场地比较平整时放样精度可以低一些，而对其长度的测量可以选用钢尺或者是平尺；在填筑堤路上可以先放样出堤路中线或堤路边线，然后根据堤路中线或者是边线用皮尺和钢尺量出每层的填筑范围，还可以根据要求选用全站仪放样。对于水利工程施工中的关键部位的测量，要有专业的监理工程师在现场，在对测量结果检验无误后，方可进行施工。

三、水利水电工程测量技术

（一）数字地形测绘技术

随着技术的不断发展以及全站仪的普及，出现了多种比例尺比较大的地形图的新型数字测绘技术。采用三维测绘技术，开发出优秀的成图软件，不但能够满足专业图和地形图测绘，还能够进行 GIS 数据的采集更新。数字地形测绘的模式主要是使用数字测记，电子平板以及数字摄影等测量模式。

数字化绘图能克服手工绘图所存在的很多弊端，它符合现代社会高速发展的水利水电工程的需要。比如在某些综合性比较强的项目工程中，需要绘制出比例尺不同的同一区域的地形图，以前的平板测图的方法就需要去重复的工作，然而数字测图就可以同一时间根据要求完成绘制，呈现出不同的比例尺的各种地形图。数字化的成图系统是在外面采集测量数据时，合理利用全站仪进行现场的自动采集相关地物地形点的空间三维坐标，并且进行自动存储，其在内存进行数据的处理时，就会完全保持外面测量数据的精度，大大的消除人为错误，降低误差的来源。数字化的成图过程，不仅减少进行作业人员的劳动，而且让生产周期进行了缩短，可以及时满足用户的相关要求。数字化的产品不仅可以把它存储在内置的软盘上，还可以用绘图仪描绘在所需要的图纸上，线条、注记、图面整齐、字体工整，美观而且便于修改，能更好地保证工程图形的不变形性以及现势性，可以避免反复的测绘造成浪费，也增加了地形图的相关实用性。

（二）变形监测技术

变形监测技术就是测量变形体，确定其内部的形态变化特征以及空间位置。在水利水电工程的测量当中，变形监测基本包括基准网测量、工作基点测量、变形体变形监测、监测资料分析等内容，目前，基准线测量法，大地测量法，以及液体静力水准的测量方法是变形监测的几种主要的监测方法。

1.基准线法

基准线法是水平位移变形监测的常用方法，支墩坝，重力坝，土石坝等直线形式的大坝坝基，坝体一般都使用真空激光法，视准线法，以及垂线法进行观测。如果坝体比较短，可以使用激光准直线法和视准线法进行观测。拱坝的坝基坝体，主要是使用大地测量法和垂线法进行观测。近坝区高边坡，岩体和滑坡体的水平位移的监测，大都采用视准线法，垂线法以及大地测量法。

2.大地测量法

大地测量法是一种在水利水电工程当中变形监测的经典而又传统的方法，可进行工作基点的测量，基准网的测量以及变形体的监测等，测量的方法主要有几何水准测量，三角测量，现代边角测量，交汇测量等方法。测量的设备有精密全站仪，电子水准仪。大地测量法的主要特征有，使用比较常规的测量仪器，方法和理论比较成熟完善，测量的数据可靠准确，测量的费用比较低。缺点有劳动的强度比较高，观测所花费的时间比较长，观测条件也会影响到测量的精准度，观测和后期数据处理当中，智能化和自动化的程度比较低。

3.液体静力水准测量方法

垂直位移的测量监测技术主要三角高程的测量，水准测量，以及液体静力水准的测量，当前液体静力水准的测量技术是发展的比较快的一种测量技术。液体静力水准的测量系统比较适用于在坝体的廊道内部进行高程传递和高程观测，通过各种传感器来测量容器内的液面的高度，能够同时获得数百个的监测点高程，有遥测，高精度，可移动，自动化，以及持续性比较好的特点。

（三）水下地形测量技术

在水利水电工程的测量当中，水下地形的测量，一般都采用电磁波测距仪，经纬仪，以及标杆，标尺作为主要的测量工具。用极坐标法，断面法，以及交会法进行定位。用测深锤和测深杆来测量水深。这种测量方法的误差大，效率比较低。近年来，在我国的水利水电工程的测量当中，已经很少使用了。随着 GPS 定位的不断发展，GPS，RTK，CORS，以及 DGPS 系统配合测深仪，在水下地形的测量当中已经广泛应用了。DGPS 系统是把某个已知的点当作基准点，在基准点，接收机不断接收卫星的信号，并和已知点位置比较，确定误差的修正值，把修正值使用无线电台进行接收，用户的接收机在接收到修正值时，不断校正 GPS 的信号。它具有实时连续，全天候，精度高的特点。目前 RTK，GPS，以及 CORS 系统的定位已经达到了厘米级的精度。以上定位技术，在进行水下地形测量的时候可以减轻劳动的强度，缩短工作的周期。

（四）控制测量技术

控制测量技术是水利水电工程的测量中的基础方法。随着经济以及科技的不断发展，水利水电的控制测量方法已经由传统的控制测量方法转变到了现代的控制测量，就是运用GPS等先进的定位技术，结合传统的测绘方法，高精度，快速准确的确定测量目标点的三维坐标。水利水电工程的控制测量按照水利水电工程的服务内容和阶段，可以划分为专用控制网和测图控制网两种基本类型。包含高程控制和平面控制两个方面的测量技术。在水利水电工程当中的平面控制网的测量技术已经开始由传统三角网发展成了边角网，三边网，GPS网，导线网，以及混合网等先进的现代控制网的测量技术。

近年来，在水利水电工程的测量当中，GPS卫星定位技术已经得到了广泛的应用。GPS全球定位系统在车辆导航、航空航天、变形监测等一些方面被广泛应用。因为它的独特性使得GPS数据测量的技术在水利水电工程测量中也有着广阔应用。GPS测量仪在水利水电工程中的不断应用，数据的测量不会再受到地势地形等一些条件的严重影响，并且可以通过控制数据测量的布局类型以及观测方法，可以大大地减少传统的测量中的过度点和传算点的数据的测量的工作，它使得选点变得更为灵活，而且数据测量可以不再受到天气、时间等一些自然条件影响。尤其是在一些中小型的水利水电工程测量中，GPS测量的优点会体现得更加的明显。中小型的水利水电项目中，利用GPS的高精度特点，使得测量的工作节省了大量的人力资源并且减少了工作时间以及劳动强度。

四、水利工程施工测量中应该注意的问题

水利工程施工测量直接关系到整个工程的质量和进度，所以在测量的过程中，要严格按照规范程序的要求操作，同时还要加强对各个环节的质量控制。在实际测量工作中，为了保证测量的准确性，一定要采用同一个坐标系统和统一的高程系统，做好控制点的保护工作。测量工作的开展要根据施工进度做好规划，避免因为测量工作时间太长而耽误工程的施工进度。施工测量工作不一定非要达到最佳的精度，而是要根据工程的实际需求，将精度控制在合理的范围内即可，既能够满足工程的施工需求，又能够提高测量效率。

水利工程施工测量是一项比较专业的工作，所获取的测量数据是工程施工能够顺利开展的重要依据。为了保证施工测量工作的质量，需要制定完善的测量管理制度，明确测量工作开展的程序，注意对测量过程的监督管理，加强对测量工作人员专业技能以及职业道德品质的培养，从而确保测量数据的准确性，为水利工程施工的顺利开展奠定良好的基础。在实际测量的过程中，会对测量结果的准确性存在很多不确定的影响因素，所以在事先应该做好全面的预防措施，加强对测量细节的掌控，严格控制测量误差，善于使用先进的测量仪器和测量技术，进一步推动水利工程施工测量工作的开展。

第三节　施工组织设计

水利水电施工组织设计是一项复杂的系统工程，不仅是水利水电工程的重要组成部分，并在编制工程投资估算、总概算和招标文件中起到重要作用。因此，做好施工组织设计，对选择整体设计方案、组织工程施工、保证工程质量、缩短工程建设周期、降低工程造价成本都有重要的指导作用。施工组织设计主要包括施工措施设计、单项工程施工组织设计和施工组织总设计 3 个部分。设计内容主要有施工导流、混凝土工程施工、土石方工程施工、主体工程施工、施工总进度设计、施工总体布置等。

一、施工设计内容的编制

施工设计的总说明主要包括：施工方案、工程概况、施工组织机构、施工条件、主要节点工程说明、工程重点难点及应对方案、管理方针和管理目标等。工程概况要包括，工程项目的地理位置、交通运输条件、水电站的主要技术参数、工程施工量、工程建设单位。

（一）施工前期准备

施工前期准备要包括各个方面，其中主要有 5 个方面：施工组织准备、施工资源准备、施工技术准备、施工现场准备以及其他工作准备。施工组织准备要确定施工队伍、项目组织机构、项目规章制度；施工资源准备主要物资、设备、资金的准备以及人员设备的准备，并对人员和设备动员周期和施工材料的抵达进行布置；施工技术准备首先要对原始资料进行调查分析，然后熟悉图纸并对图纸进行审查、签证、布置编制施工和进行技术交底等工作；施工现场准备主要做好征地拆迁，修建工地实验室，做好测量工作，并对施工现场工作做好部署。

（二）施工总体布置

施工总体布置要考虑到工程规模、特点和施工条件来安排工程施工时用到的临时设施，并做好施工图纸的详细设计。施工图纸的布置要全盘考虑整个施工过程的制约因素，有效的控制工程施工成本，做到分工协作有条不紊，并根据施工图纸来合理地优化各个施工步骤。

临时设施的布置主要包括：电、水、风的供应，交通桥梁以及通信设备，原材料加工制作，混凝土和砂石搅拌站，工人生活设施如临时住房，工厂配套设施如仓库、原材料存储场地、机械设备维护场地以及废渣场等。

二、施工组织设计

（一）施工导流

施工导流是一个全局性问题。施工导流既要考虑到施工建筑设计的问题，同时也关系到施工总进度、总布置的导流程序问题。它将影响到水工建筑的布局以及坝址、坝型的选择，并且是施工总进度、总布置和工程投资的重要考虑因素。

对于水利水电的施工，首先要考虑与自然环境相适应，其中最重要的一个因素就是要与水规律相适应。通常情况下，由于改变水规律比适应水规律的代价大得多，甚至在一些特殊的环境下无法改变水规律。因此，施工导流是主体工程施工的重要控制环节，导流工程中的截流、排水、封堵、拦洪及蓄水等，就成为工程施工程序的控制要点。只有根据河流规律合理地安排工程施工程序，才能让工程顺利进行，并可以有效地节省投资成本。

（二）土石方工程

由于水利水电工程土石方开发工程较大，且各建筑工程都需要进行土方填挖，为了减少工程投资，必须对土方填挖进行合理的调配，争取做到土方填挖平衡。在进行土石方施工时，一般大型建筑物先进行施工，其开挖产生的土方不能再次回填，一般的做法是使用渠道开挖产生土方进行回填，渠道和建筑产生的土方应在指定的区域统一布置，所以在土石方施工时主要考虑渠道工程的土石方。

土方填挖平衡和调配应按如下原则进行：（1）自身开挖土方应首先满足自身填筑要求；（2）自身平衡后，若剩余土方应尽量用于较近的其他项目填筑；（3）当主体工程项目完成后，对于剩余其他项目的开挖，应就近进行整平处理。（4）弃土区、借土料场应充分考虑环境保护和水土保持，控制取土范围和高度、深度。

（三）混凝土工程

混凝土施工主要包括建筑物普通混凝土工程、建筑物预应力混凝土施工、渠道混凝土工程。对于主干渠道混凝土施工，主要采用渠道衬砌，现浇和部分预制，石方段用喷射混凝土衬砌。在渠道衬砌过程要考虑防渗、防冻和排水等因素，施工工艺价位繁杂，质量要求也相对较高。

根据渠道施工以及建筑物施工的工程规模和施工条件的不同，可以集中设置一个混凝土生产系统，分别对各建筑物施工和渠道施工供应混凝土。而大型建筑物混凝土供应，应单独设立一个混凝土生产系统，以供应大型建筑物的施工需求。对于工期长，河道宽的大型河渠交叉工程，应在左右两岸设立混凝土拌合系统。

（四）施工工艺

施工组织设计是以施工工艺为基础的前提下进行的，施工工艺涉及三个方面，分别是施工顺序、施工方法和施工技术。

施工工艺的主要内容有施工顺序、施工技术和施工方法。其中施工技术是施工工艺中一项重要的组成部分，只有施工技术满足了经济上的可行性和技术上的可行性，才能对施工工程展开工作。研究的主要项目有以下几点：（1）在现有的施工技术情况下，要研究和合理制定出在某个施工期限内的施工工作量；（2）从施工导流和施工顺序结合来研究建筑物实施的技术特性；（3）从施工方法和施工顺序结合来研究建筑物实施的技术特性；（4）根据工程中所需材料和物料来估算工程预算；（4）从施工质量、安全、进度和效益的角度出发合理地组织和管理施工工艺；（6）合理布置施工场地来满足施工程序需求。

（五）施工进度

工程的施工进度是规划好各项施工活动的时间安排。施工进度的编制要根据施工方案和施工程序进行，并按照工期要求对主要施工项目做出时间安排。施工总进度主要包括以下内容：编制施工依据、分项工程的施工顺序、主要控制工期、施工强度、关键工序的指标控制、绘制好施工总进度表、施工进程网络图。

施工总进度编制时要重点与非重点兼顾，首先应优先安排关键工期的项目，尽量合理安排施工人员与施工机械以及建筑物的施工顺序，做到施工连续且施工平衡。临时建设项目和主体工程项目在编制施工总进度时要首先列出。根据工程特点列出主要施工项目，然后进行工程量计算，并对工程的工期进行定期考察，特别是主要关键线路的施工工期。

（六）施工布置

施工总体布置是在投标阶段施工组织设计的主要内容，根据项目工程的特点、规模、和施工条件，妥善合理解决施工期间所需的交通道路、临时房屋、辅助企业、仓库、施工动力、通信设施和给排水管线等其他生活设施的平面和高程布置，以方便施工和保证施工次序。

三、施工组织设计之间的相互关系

（一）研究施工导流的控制程序，必须以施工方法作后盾。施工方法关系到工程实施的技术可行性和经济可行性，提出合理的施工强度，作为施工导流程序控制的基础。

（二）把握好工程施工强度才能合理制定工程的进度计划，同时工程的进度计划也引导着施工强度，可以通过两者的反馈和协调，最终制定适当的工程施工强度的指标。

（三）施工导流控制，作为施工进度计划的总体轮廓安排，需要考虑进度计划安排的反馈作用，并通过反复协调，通过最后的施工程序。

（四）施工强度也受交通运输、材料供应情况以及生产设备的运作状况等因素的影响，这些要和施工的现场布置做好协调，就可以做到符合施工强度的要求。

通过上面的分析，施工导流程序和施工布置、施工进度以及施工方法紧密相关，在制定工程的施工计划时，同样也要考虑到施工布置、施工进度和施工方法，因为施工强度是由施工方法做出要求，在施工布置的基础提出施工方法，施工布置和施工计划要做好相互协调，施工进度计划对施工布置、施工导流和施工方法起到协调作用后，在经过进一步的协调和反复调整，经过综合平衡得到最终计划进度。所以施工进度与施工布置、施工导流和施工方法有着紧密的联系，同样施工布置也与其他基本内容有着不可分割的关系。

本节对水利水电工程的施工组织设计内容做了阐述。由于水利水电工程需要因地制宜、全面考虑，对于不同的项目工程，其项目的规划、性质、建筑和结构复杂程度不尽相同。因此，对于不同的工程项目的施工组织设计，其编制内容和重点会有所不同，需要在施工实践经验中不断地加以研究和总结。

第三章 水利水电工程施工导流

第一节 导流基本概念

施工导流是指，在修筑水利水电工程时。为了使水工建筑物能保持在干地上施工，用围堰来维护基坑，并将水流引向预定的泄水建筑物泄向下游，称为施工导流。施工导流方法分为全段围堰法和分段围堰法。

一、导流作用

在水域（大多数指活水河道）内修建水利工程的过程中，为创造干地施工条件，前期用围堰围护基坑，将河道水流通过预定方式绕过施工场地导向下游的工程措施。施工导流是水利工程施工，特别是修建闸坝工程所特有的一项十分重要的工程措施。导流方案的选定，关系到整个工程施工的工期、质量、造价和安全渡汛，事先要做出周密的设计。

二、设计内容

（一）主要包括

1. 掌握并分析河流的水文特性和工程地点的气象、地形、地质等基本资料；

2. 选定导流时段、设计标准、导流流量、导流方式及导流建筑物类型；

3. 拟定导流建筑物的修建顺序、拆除围堰及封堵导流建筑物的施工方法；

4. 制定拦洪渡汛和基坑排水措施；

5. 确定施工期通航、过水、供水等综合利用措施。施工导流措施受多方面因素的制约，一个完整的方案，需要通过技术经济比较，必要时要做模型实验，反复论证，然后定案。

（二）导流方式

1. 按河床位置分为：河床外导流、河床内导流两类。

河床外导流：用围堰一次拦断整个河床，让河水通过河床外的导流泄水建筑物导向下游；

河床内导流：用围堰先后分段围护部分河床，河水通过被束窄的另一部分河床导走，即分期导流。

2.按泄水建筑物类型分为：明渠导流、隧洞导流，以及涵洞、坝体底孔、梳齿和缺口过流、涵管导流等导流方式。

涵洞导流一般用于中小型水闸、土石坝等工程。

底孔导流用于混凝土坝施工，水流全部或部分通过坝体内设置的临时或永久泄水孔导向下游。

梳齿导流则是在混凝土坝施工时预留梳齿状缺口过水，随坝体升高，分级轮换封堵缺口。

涵管导流是一种利用涵管进行导流的施工方法，适用于导流量较小的河流或只用来担负枯水期的导流。一般在修筑土坝、堆石坝等工程中采用。由于涵管过多对坝身不利，且使大坝施工受到干扰，故此坝下埋管不宜过多，单管尺寸不宜过大，涵管在干地施工，易布置在河滩上，滩地高程在枯水位以上。

导流方式的选择，一般须考虑：

①水文条件。河流流量大小、过程线特征、洪水和枯水情况、水位变幅、流冰等均直接影响方案选择。如水位变幅大的河流，有时宜采用过水围堰，围堰挡水高度及导流泄水建筑物只考虑枯水期流量。

②地形条件。如河床宽阔，施工期有通航要求，可采用分期导流；如河道较窄，宜根据地形地质条件采用明渠或隧洞导流。

③有条件时，要尽量利用永久水工建筑物的泄水建筑物，结合进行施工导流。如导流洞可与泄洪洞结合，围堰可与土石坝坝体结合。

④满足施工期间的通航、过木、给水、灌溉等综合利用要求。

（三）设计标准

根据工程施工进度及各个时期的泄水条件，施工导流可分为三个阶段：①初期导流，即围堰挡水阶段，从河床截流开始到坝体修建到围堰高程以上的时段。②中期导流，即坝体挡水阶段。此时导流泄水建筑物尚未封堵，汛期由坝体挡水。随着坝体升高，库容加大，防洪能力也逐步增大。③后期导流，即从导流泄水建筑物封堵到大坝全面修到设计高程的时段，永久泄水建筑物已投入运行。

施工导流设计中，要选定导流时段，即在挡水围堰工作延续时间内，是枯水期挡水还是全年挡水。应根据河流水文特性、主体工程施工特点及进度，合理划分与选择导流时段。导流设计应采用导流时段内设计频率的最大流量和洪量。小型工程应争取在一个枯水期建成，以简化导流设施；大中型工程一般难以在一个枯水期建成，可考虑全年导流，导流设计流量则以全年一定频率的洪水流量为准。当地材料坝体一般不允许过水，当坝体施工难以在汛期达到拦洪高程时，要按全年导流标准考虑围堰高程和导流建筑物规模。混凝土坝通常允许过水，可按全年导流标准考虑，也可按枯水期导流考虑。当采用分月设计频率的流量安排施工进度时，对河流水文特性需有充分论证，慎重对待。

导流设计标准即是对导流设计中所采用的设计流量频率的规定。对不同的导流阶段和不同的建筑物，规定的频率也不相同。总的要求是；初期导流阶段的洪水标准可低一些，中期和后期导流阶段的洪水标准逐步提高。当要求工程提前发挥作用（如提前发电）时，相应的导流阶段的防洪标准应高一些。对混凝土、浆砌石建筑，洪水标准低一些，对土石坝则要求的洪水标准较高。另一方面，导流设计标准也随永久建筑物的级别不同而有所不同。

三、全段围堰法

（一）定义

全段围堰法，又称一次拦断法或河床外导流。主河道被全段围堰一次拦断，水流被导向旁侧的泄水建筑物。

（二）适用

多用于河床狭窄，基坑工作面不大，水深流急、覆盖层较厚难于修建纵向围堰，难于实现分期导流的工程。

（三）类型

1. 隧洞导流

适用于两岸陡峻、山岩坚硬、风化层薄、河谷狭窄的山区河流或有永久性隧洞可供利用。

2. 明渠导流

明渠导流适用于岸坡平缓或有宽阔滩地的平原河道。在山区河道上如河槽形状明显不对称。

3. 涵管导流

涵管导流多用于中小型土石坝工程，导流流量不超过 1000/s。

4. 渡槽导流

渡槽导流一般适用于小型工程的枯水期导流，导流流量不超过 20～30/s，个别达 100/s。

四、分段围堰

（一）定义

分段围堰法，又称分期围堰法 或河床内导流，分期就是将河床围成若干个干地施工基坑，分段进行施工。分期就是从时间上将导流过程划分成阶段。分期是就时间而言，分段是就空间而言。工程实践中，两段两期导流采用最多。

（二）适用

河床较宽，流量大，工程工期较长的情况，易满足通航、过木、排冰等要求。

（三）类型

①束窄河床导流

②底孔导流

③缺口导流

④梳齿导流

⑤厂房导流

（四）导流设计

在分析与施工导流相联系的主客观条件的基础上，划分导流时段，选定导流标准和导流设计流量，设计导流、截流方案，确定导流建筑物型式、构造、尺寸及布置，拟定导流建筑物修建、拆除、封堵的顺序及施工方法，制定拦洪度汛和基坑排水方案、施工期河道综合利用措施，以及拟定施工控制性进度计划等。

（五）导流时段

又称挡水时段，是指水利工程施工整个过程中，依靠围堰挡水进行导流的延续时间。河流按水文特性分为枯水期、中水期及洪水期。小型水利工程的围堰，只需挡一个枯水期流量，所以围堰低，工程量较小；大中型水利枢纽工程通常难以在一个枯水期修筑到拦洪高程，特别是土石坝不允许坝面溢流，导流时段就要按全年考虑。围堰要挡洪水期流量，所以围堰较高，工程量也较大。混凝土坝可以坝体溢流，洪水时允许淹没基坑，可以采用过水围堰。选定导流时段要仔细研究河道的水文特性，根据主体工程的特点和施工进度的要求，进行技术经济比较。一般不宜把导流时段划分过细，分月设计频率的流量，只作为安排施工进度计划时的参考，不宜作为导流设计的依据。

五、导流标准

确定导流设计流量所依据的洪水标准。导流设计流量是选择导流方案、确定导流建筑物规模的主要依据。施工过程中河道流量经常变化，为使设计的导流流量尽可能符合施工期的实际流量，各国根据河流特性，建筑物特点，建设经验和安全、经济等因素，制定选择导流标准。不同国家的导流标准，有的相差很大。不少国家从经济与安全方面统一考虑，制定不同重要性导流建筑物应承担不同的风险度（即某一非期望事件所发生的概率），供确定导流设计流量时参考。

六、导流方案的选择

一个完整的导流方案受多方面因素的制约，要进行技术经济比较，反复论证后确定。这些因素主要有：

（一）水文条件。河流流量大小，流量过程线特征，水位变化幅度，洪水及枯水延续时间长短，冬季流冰及冰冻情况等，均是直接影响导流方案选择的重要因素。例如，水位变幅很大的河流，有时需采用过水围堰，允许基坑短期淹没导流，冬季有流冰的河流，需充分考虑流冰宣泄问题。

（二）地形条件。施工地区的河床及两岸地形，对导流方案有重大影响。例如，河道宽阔、施工期有通航要求，宜选用分期导流；河床狭窄、岸壁陡峻、河谷较深，宜选用隧洞导流。

（三）工程地质及水文地质条件。选择施工导流方案时，对隧洞或明渠导流的经济合理性，河床的可能束窄程度，围堰的构造及修建方法，以及基坑排水的措施等，都要考虑工程地质和水文地质的条件。例如，深厚覆盖层、透水性大的河床，要妥善解决围堰地基的抗冲、防渗等问题，在满足通航条件下，岩基河床分期导流时的束窄度允许大一些。

（四）水利枢纽布置及建筑物型式。施工导流需与枢纽布置结合考虑，并充分利用建筑物构造的特点。例如，泄洪、发电、放空孔等与临时导流孔洞的结合，围堰与渡汛的结合。就坝体结构形式，混凝土坝采用分期导流的可能性较大。

（五）河流综合利用。施工期间，为满足通航、过木、给水、排水、灌溉等要求，使施工导流问题复杂化。例如，分期导流时，被束窄的河道要满足通航的流速、坡降（纵坡、横坡、局部坡降）、流态和水流衔接等的要求，有时还需设置临时船闸；当封孔蓄水时，要注意下游通航水位以及灌溉、给水、水电站等正常用水的需要；为了渔业生产，要考虑过鱼设施等。

（六）施工进度、施工方法及场地布置。选择导流方案时，要全面考虑社会影响、施工设备及建筑材料供应和施工经验等因素，在保证安全的前提下，力求简化施工导流工程，降低费用，缩短工期。重要的施工导流工程，要进行必要的模型试验或计算机模拟计算，并作充分的比较论证。

第二节　导流围堰

在进行水利水电工程施工时，为有效地提高水利水电工程的施工质量，提高水利水电工程的社会效益和经济效益，很多施工单位会在施工过程中，采用施工导流技术，将水流引导到下游。围堰技术是一种与施工导流技术相对应的施工技术，在水利水电施工中，围堰的目的也是为了提高工程的施工质量,其主要施工方法是在河道中修建临时的挡水建筑,从而达到围堰的作用,下面就水利水电施工中施工导流和围堰技术的应用进行分析。

一、施工导流和围堰技术的概述

在水利水电工程的施工中,考虑施工河道的复杂环境,通过引流的方法把河水绕过施工现场,确保水利水电工程的顺利施工,这就是施工导流。在大坝的修建中,必然会用到导流的技术。在水利水电工程的建设中,需要提前的制定施工导流方案,确保工程的施工质量和安全。施工导流三个阶段:前期导流计划在河床上利用围堰挡住流水,确保水坝建设的顺利进行;中期导流环节,依据坝高度和汛期河水的高度确定库存注水量,从而提高大坝的抗洪能力;后期是依据导流活水设计和建设大坝。

二、施工导流技术应用

缺口导流技术通常在混凝土坝施工中,在导流设计规定的高程与部位上,根据水利水电工程的实际状况确定适当大小的缺口,在河流洪水期时能够起到临时辅助导流的效果。当缺口完成辅助任务之后,通常会根据工程设计建设成永久性建筑物,其作用在于当在分段围堰法与全段围堰法,当洪水完全从导流底孔或者导流隧道灯导流建筑物通过时,通常会因为增加导流建筑物而增加水利水电工程的投资。因此,在建筑导流隧洞等导流建筑时,通常按照河流枯水期的标准设计相应的流量,在河流的洪水期,则停止部分坝体的施工,并预留一些缺口,然后配合其他导流建筑宣泄洪峰流量,当枯水期时再将缺口上升至和其他坝体相近的高程,缺口导流技术能够显著的降低导流底孔或者导流隧洞等导流建筑物的尺寸,有效地降低工程投资。

三、围堰技术的具体应用

(一)围堰技术

围堰是指在水利工程建设中,为建造永久性水利设施,修建的临时性围护结构。其主要作用是防止水和土进入建筑物的修建位置,以便在围堰内排水,开挖基坑,修筑建筑物。一般主要用于水工建筑中,除作为正式建筑物的一部分外,围堰一般在用完后拆除。围堰就是用土堆筑成梯形截面的土堤,迎水面的边坡不宜陡于 1∶2(竖横比,下同),基坑侧边坡不宜陡于 1∶1.5,通常用砂质黏土填筑。土围堰仅适用于浅水、流速缓慢及围堰底为不透水土层处。为防止迎水面边坡受冲刷,常用片石、草皮或草袋填土围护。在产石地区还可做堆石围堰,但外坡用土层盖面,以防渗漏水。

（二）导流围堰的设计

在进行施工工期的合理安排时，要结合施工现场的实际状况设计开挖导流和设置围堰。选用的围堰材料必须是防渗透能力强的粘土性材料，在进行填筑时还要采用一些石料来保证围堰建筑的稳定性。

四、案例工程概况

重庆某水利水电工程流量设计流量 50m³/s，加大流量 60m³/s，自流输水流量 20m³/s，至今已连续运行 4a，有效缓解了当地供电压力。自运行以来，河道发生明显变化，对工程防护造成一定影响。为消除安全隐患，现决定对工程进行全面防护加固，主要施工内容为：上游横向围堰、下游横向围堰，导流涵管与明渠。

（一）施工导流方案

根据设计图纸确定的工程和河道之间的位置关系，结合地质条件与水文条件，决定将施工导流分成两期完成：第一期为"草土围堰＋涵管与明渠导流"；第二期为"草土围堰＋钢板围堰"。

具体方案为：于水涵洞右侧对第一期的导流围堰进行搭设；搭设完毕之后，开始河道一期施工建设，先清理围堰两侧场地，拆除障碍物，同时按照设计要求施以防护加固。一期施工建设竣工后，在过水涵洞的左岸将二期导流围堰设置在已竣工工程上，使河道中的水进入二期围堰，此时的一期围堰在满足干槽作业要求后，开始相应的施工建设，包括场地清理、障碍物拆除和防护加固等。要引起注意的是在对二期围堰实施搭设时，必须留有施工面，否则将影响施工正常进行。

（二）导流围堰设计、施工

1. 设计

（1）原则

①按照现行标准与技术规范进行设计；②设计应满足工程组织设计总体规范；③充分考虑工程特征，在保证经济合理与安全耐用的基础上，为后续施工提供方便。

（2）参数

加固施工应在非汛期进行，对于导流建筑物的洪水标准，应选取五年一遇洪峰流量，即 7.4m³/s。同时，工程的导流标准也按照这一流程实施校核，据此确定围堰的高度为 1.0m，断面宽 3.0m。

（3）围堰尺寸

以工程招标文件为依据，结合现有的河道资料，包括上游河道实际流量，将此次导流设计的总体方案选定为非汛期实施导流，再通过实地实时观察，得出上游向下游流量的最大值为 0.2m³/s。在充分考虑工程具体状况的基础上，将过流断面的尺寸确定如下：底部宽度 3.0m、坡比 1：0.5；高 1.0m。据此，围堰尺寸确定如下：顶部宽度 1.0m、底部宽度 2.0m、坡比 1：0.5、高 1.0m。

（4）设计方案

1）一期围堰

以巡线路为河道上游的围堰，预留一定大小的过水孔，封闭其他所有孔洞，通过截流使上游表层水进入过水涵洞右端，同时在这一区域设置导流渠，使表层水进入施工区下游，最后在其 20m 之外设置围堰。在对导流渠的两侧进行开挖以后，地下水经由排水渠进入导流渠，和地表水同时进入施工区的下游。在导流渠两侧分布的围堰，顶部宽度为 1.0m，底部宽度为 2.0m，坡比为 1：0.5；导流渠底部宽度为 3.0m，高度为 1.0m。导流渠中铺设一层土工布，其两端应进入土袋当中。如果导流渠的基底没有达到平整状态，则要进行填实整平。

2）二期围堰

以巡线路为河道上游的围堰，预留一定大小的过水孔，封闭其他所有孔洞，通过截流使上游表层水进入过水涵洞左端，同时在这一区域设置导流渠，使表层水进入施工区下游，最后设置围堰。在对基坑进行开挖之后，地下水经由排水渠进入导流渠，和地表水同时进入施工区的下游。在导流渠两侧分布的围堰，顶部宽度为 1.0m，底部宽度为 2.0m，坡比为 1：0.5；导流渠底部宽度为 3.0m，高度为 1.0m。导流渠中铺设一层土工布，其两端应进入土袋当中。在消力池段，应使用架管对导流明渠进行搭设，将钢模铺设在架体上，钢模上加铺、固定土工膜。

（5）施工

1）施工流程

准备工作→制作草袋→设置防渗膜→加强围堰→主体施工→拆除围堰；基坑开挖→布设导流管→接头防渗→土方填筑→主体施工→拆除；安装骨架→设置模板→防渗→加固→主体施工→拆除围堰。

2）施工方法

①以巡线路为河道上游的围堰，对于一期围堰，需在右侧分别预留 3 个孔洞，用于排水，然后对其它的孔洞进行封闭。

②测放，围堰定位。与排水孔进行连接，在完成浇筑的混凝土表面借助草土围堰制作导流明渠。围堰顶部宽度为 1.0m，底部宽度为 2.0m，坡比为 1：0.5；导流渠底部宽度为 3.0m，高度为 1.0m。导流渠中铺设一层土工布，其两端应进入土袋当中。如果导流渠的基底没有达到平整状态，则要进行填实整平，该段实际长度为 35m。

③对于导流明渠的下游，其目前是坦克跑道，共设置 3 根 PVC 管，覆盖 1.0m 厚表土，直到围堰的下游。

④对二期导流而言，当导流渠经过消力池时，需搭设骨架，上方铺设钢模，再加铺土

工布，并进行固定，围堰和明渠的尺寸应保持一致。

⑤下游以外 20m 范围内使用砂砾筑成围堰，其底部宽度为 15m，顶部宽度为 12m，高度为 3.0m，在迎水面使用黏土设置防渗层。

⑥围堰施工完毕后，先将上游水引到下游；开挖施工时，基坑的周围应布设集水槽与集水坑，通过水泵向围堰下游引水，坚持干地作业。

⑦为使结构安全、稳定，需根据围堰实际情况进行有效加固。

⑧完工后，使用机械设备对围堰进行拆除，按照从上至下的顺序进行，清理拆除后留下的垃圾、废料，采用运输车运出场外。

（三）质量要求

1. 在对围堰进行搭设以前，必须进行准确的测放，确保围堰的尺寸可以满足排水基本要求，并尽可能保持顺直，使水顺畅流过。

2. 草木围堰由土袋制成，使用编织袋，人工装土，绑扎袋口，平整压实。

3. 采用人工对草袋进行码放和踏实，并作 1/3 左右的搭接，且上层与下层应错缝，堆码必须整齐。在堆码至指定长度后，回填具有良好抗渗性的土。

4. 为使围堰具有良好抗渗性，在整齐砌砌的基础上还要铺设一层防渗膜。在铺设时，防渗膜要有足够搭接长度，避免在搭接处渗漏。此外，在端头位置，应使用土袋压实，以防被水流冲刷。

5. 在对明渠骨架进行搭设时，应确保骨架牢固性与稳定性，同时要能承受较大的过水压力。

（四）安全施工与环境保护

1. 安全施工

（1）进场工人必须经过安全教育，了解注意事项，形成安全施工意识。

（2）现场全部人员都要按要求佩戴安全用具。

（3）技术与机械操作人员应持证上岗，根据相应的操作规程进行，遵从管理的指挥。

（4）高空作业人员必须使用相应的安全防护用具。

（5）现场安排专门的安全人员进行巡视，及时发现并处理问题。

2. 环境保护

（1）不得向河道中随意倾倒垃圾和杂物，做好水环境的保护工作。

（2）现场施工人员不得随地大小便和乱扔烟头。

（3）现场准备洒水车，根据实际情况进行洒水，以避免粉尘污染。

五、加强导流及围堰施工技术的措施

（一）完善管理机制

完善的管理机制不仅能够有效地缩短工期，还能够提高企业经济效益，提高施工水平。水利施工技术的创新直接影响了施工企业的经济效益。现阶段来说，我国大多数水利施工单位的内部管理机制都不健全，缺乏行之有效的施工工程质量监理体系。在市场经济环境之下，水利施工企业面临着很大的市场压力，只有不断的推进水务体制改革、水利建设投资体制的改革，才能不断地提升水利施工企业的质量，全面增强市场竞争力。

（二）加大对人员的培养

人才素质水平对于工程水平的影响较大，因此，加强人才培养非常必要。人才是科技创新的根本，因此，在使用新技术的过程中，还必须要加强对水利施工人员的培养。现阶段来说，水利工程施工人员缺乏一些高技术和新型的技术人员，而原有的一些施工技术人员缺乏创新的能力，因此，必须要重视新人才的引进，同时还必须要加强施工技术人员的团结精神，发挥引进人员的技术创新的能力，同时还可以吸取施工人员在水利工程施工过程中的施工经验，可以使得两者有机的结合，共同促进水利工程的建设。

综上所述，我们充分了解到导流以及围堰技术在水利工程施工中的作用力，保障水利等相关事业的顺利发展，同时更为深远的意义还在于对社会主义经济发展的重要贡献上所发挥的力量。特别是在现阶段经济社会高速发展的大背景下，人们的生产生活对电力的需求上也是日趋增大，水利工程在提供电能上可发挥一定作用，所以对水利工程建设在技术上的改造和更新要求也在逐步提高，围堰技术的广泛应用可以大大缓解供给和需求上的矛盾，满足人们对水利工程的期望值，更好地为社会经济的良性发展提供支持。

第三节　施工除险

一、工程险情主要特点

（一）突发性

自然灾害导致水利水电工程发生重大险情是突发性事件。灾害性气候、地震等导致的滑坡、泥石流、堰塞湖等自然灾害本身是突发性的，自然灾害对水利水电工程设施造成的重大威胁具有突发性，对工程紧急除险而言也是突发性的。

（二）不确定性

灾害发生前，自然灾害发生的具体位置及其危害影响难以准确预测。灾害发生后，受损的工程设施是否安全，影响因素多；后续自然灾害是否还会发生，难以准确判定。对工程紧急除险而言，能否及时排除险情，不确定因素多。

（三）破坏性

自然灾害极具破坏性，往往会导致工程重大险情发生，甚至会导致灾难性后果，特别是水利水电工程。其破坏性不仅体现在对工程设施本身的破坏，导致重大工程险情甚至灾难性后果；还体现在对工程周边环境的破坏，并使工程除险作业条件异常恶劣。

二、紧急处置技术研究

（一）安全性评价

安全性评价是工程除险的首要环节。

1. 安全性评价的范围

①对工程设施本身安全性的评价；②对工程周边的地质灾害影响工程设施安全性的评价，如已形成的堰塞湖、潜在的滑坡体等对拦河大坝安全的威胁；③对工程上游水利水电设施安全性的评价，如上游拦河大坝发生险情的威胁；④对除险作业安全性的评价。

2. 安全性评价方法的规范

如何进行安全性评价是一个难点问题。如对汶川特大地震形成的唐家山堰塞湖的安全性评价（包括对溃决情形的分析与判断）就是一个非常复杂的技术难题。唐家山堰塞湖除险后，出台了《堰塞湖工程除险技术导则》，对包括安全性评价在内的有关技术问题进行了规范，无疑对以后堰塞湖工程除险是有益的。针对各种工程险情除险，出台相关除险技术规范，是非常必要的，也是需要加强技术研究并尽快解决的问题。

3. 快速掌握险情信息的先进技术手段

险情发生后，准确地查明工程险情、快速掌握有关信息，是工程除险时技术决策的基础。但在情况紧急、环境恶劣的条件下，要做到这一点，有较大的难度。需要采用先进技术手段，如快速获取险情地理信息的遥感技术、快速探测工程设施受损的专用设备、快速传输数据的信息化技术等，应加强相关设备的研发和应用。

（二）处置方案确定

处置方案是工程除险时技术决策的核心。特别是对水库、水电站等工程除险，处置方案的科学确定，是采取紧急处置措施、排除工程险情的关键。确定处置方案，在安全性评价的基础上，需要研究和解决的技术问题，主要有：（1）紧急除险措施及其技术可行性。采取的工程除险措施，可以有效排除险情，并满足时效性要求；有类似的工程施工或工程抢险经验，技术上比较可靠。（2）与抢险作业现场条件的符合性。现场具备抢险所需的设备进场、物料准备与进场、抢险作业空间、电力供应等基本条件。（3）紧急除险措施的技术要求。与平时工程建设时工程设计与施工的技术要求相比较，紧急除险的技术要求一般不够具体，甚至仅仅是原则性的。通常，专业抢险施工队能够根据处置方案中一般性或原则性的技术要求，结合工程施工或抢险经验，对技术要求进行细化。但有的除险措施，如爆破方法，如果抢险时爆破作业失当，可能会使险情加剧甚至导致灾难性后果；应针对工程设施受损情况，对爆破作业控制提出明确要求和具体控制指标。

（三）技术预案研究

我国对突发事件的应对越来越重视，相关法律法规比较完善，各级应急预案比较齐全但多侧重组织指挥方面。水利水电工程应急预案也是多侧重组织指挥，在技术层面上还不够具体、不够深入；险情发生后，技术准备不足的问题尤为突出。对水利水电工程而言，如果遇险情时处置不当，导致的后果可能会更加严重。因此，更加有必要加强对水利水电工程除险技术预案的研究和制定，并在工程项目立项、工程设计阶段、工程建设期、工程运行期等环节做出相应规定。工程项目立项审查时注意加强对自然灾害可能造成工程险情及其后果的论证和把关，尤其是梯级开发的水库水电站。工程设计时充分考虑自然灾害对工程安全的影响，特别是水库大坝的泄洪能力问题。工程建设时进一步查明自然灾害对工程安全影响的具体情况，并做好相关基础性资料的收集与分析研究。工程运行期加强对工程本身安全、重大危险源等监测与分析，制定并及时修订工程除险的技术预案。对于中小型水利水电工程，特别是历史较长、标准较低的水库大坝，加强工程除险技术准备，制定完善工程除险技术预案。

三、抢险施工技术研究

（一）重点研究对象

1. 江河堤防管涌、漏洞、裂缝、漫溢、决口的排险

堤防险情主要有渗水、管涌、漏洞、塌陷、滑坡、裂缝、风浪、陷坑、漫溢、决口等。管涌是常见的堤防险情。裂缝险情一旦扩大，可能出现滑坡、崩岸。对漏洞如不及时补漏，将迅速发展成为堤防决口。堤防漫溢、决口的危害极大，一旦出现，须尽快排险。

2. 近坝库岸滑坡、泥石流、堰塞湖的排险

地震、强降雨对近坝库岸造成的危害很多，对水利水电工程安全造成重大威胁，尤其是在深山峡谷地区。主要是滑坡及其涌浪、山体崩塌、泥石流、堰塞湖等，对水利水电工

程的危害很大，且往往严重阻碍抢险工作的顺利进行。

3. 土石坝渗流破坏、坝坡失稳、泄洪能力不足的排险

土石坝是主要坝型之一，我国病险水库中的绝大多数是土石坝，溃坝事故最多的也是土石坝。洪水漫顶、渗流破坏、坝坡失稳是溃坝的主要原因，导致溃坝的主要因素是遭遇超标准洪水、库区滑坡涌浪、泥石流、水库泄洪能力不足、泄洪时闸门失灵、地震及地震涌浪等。

4. 地震与洪水威胁下拱坝、重力坝、面板堆石坝的排险

拱坝、重力坝、面板堆石坝均具有较好的抗震性能，但有些存在一定缺陷的大坝，在地震和洪水共同威胁下，仍可能会出现重大险情甚至溃坝。如坝肩岩体较差的拱坝，建在覆盖层、软岩地基上的重力坝，早期建成的面板堆石坝，历史较长的浆砌石包壳堆石坝等。

5. 泄洪洞、溢洪道、消能设施、闸门失事的排险

泄水系统是水电工程安全的重要设施，如果出现重大险情将严重威胁大坝安全。进水水流流态不好、出口被淹没、与导流洞结合的泄洪洞较易出现险情。超设计标准泄洪，可能对消力池、下游河道及两岸山体造成冲刷破坏。闸门开启受阻，可能导致洪水漫顶溃坝。

6. 进水口、地面厂房、开关站、输电设备的排险

地震、滑坡、泥石流、崩塌、滚石、飞石等灾害，较易对这些地面建筑物和电气设施造成破坏，特别是在深山峡谷地区。在汶川地震中，进水口、地面厂房、开关站、输电设备受损较为明显。

（二）重点研究内容

1. 快速勘查险情

快速勘查险情是成功实施抢险作业的第一环节。勘查险情的主要内容有：①工程设施的设计、施工和运行的资料收集；②工程设施受损的具体部位和严重程度；③实施抢险作业的具体部位和处置要求；④威胁工程设施安全的相关自然灾害信息；⑤工程设施周边环境和抢险作业条件。采用先进设备和先进方法，快速勘查险情，是目前需要解决的问题。现在多采用工程正常施工时常用的技术手段，需要在险情勘查的快速、便捷上加强研究，实现快速勘查险情。

2. 快速进场到位

抢险人员、设备、物料快速进场到位，是成功实施抢险作业的前提条件。对自然灾害导致的水利水电工程险情进行除险施工，交通可能会因山体滑坡、崩塌、道路塌陷、泥石流等中断，有时还需要临时修路至抢险作业地点。如何快速进场到位，是经常会遇到又必须解决的难点问题。重点是道路快速抢通施工技术，包括快速挖除滑坡体、清除滚石、紧急修复塌陷段道路、隧洞塌方清除贯通、桥梁紧急加固、临时桥梁架设、水上交通运输、

直升机吊运（如唐家山堰塞湖除险）等。

3. 快速抢险施工

快速抢险施工是实现工程除险处置方案的关键。按照工程除险处置方案明确的施工任务和时限要求，制定切实可行的抢险施工实施方案，科学、快速抢险。快速抢险施工技术需要解决的主要问题有：①比选抢险施工方法。综合考虑抢险对象的个性特征及当时流域、气象、水文、交通、周边地形及地质等因素，比选确定快速、有效的施工方法。②解决抢险施工技术难点。分析抢险中可能会遇到的与正常施工不同的技术难点，研究解决办法，确保抢险施工顺利进行。如在舟曲泥石流抢险疏通中，采用路基箱铺垫法，解决了防反铲沉陷问题。③科学配置资源。抢险任务重、时效性强、作业条件特殊，险情控制的不确定因素多，应按照在工程除险作业环境条件通常比较恶劣的情况下，能够提前完成抢险施工任务，配足资源。④有序组织抢险作业。重点是合理规划抢险作业面、施工程序和施工道路，保证现场组织的通信畅通和指挥高效。

4. 安全控制措施

工程抢险安全包括两个方面：①抢险作业的人员、设备安全。抢险作业一般有较大安全风险，但又必须按时限要求完成抢险任务，以尽快排除险情，避免出现更大的安全问题。应针对抢险作业环境条件，查清重大危险源，采用先进的安全监测和安全预警技术，加强安全管理，减少对抢险作业的安全威胁。②抢险作业对工程设施安全造成不利影响的控制。如采用钻爆作业的方法下挖溢洪道，爆破震动会影响土石坝本身安全。在工程抢险时必须加以重视，分析不利影响，采取技术措施，防止因抢险作业使已受损的工程设施险情加剧。

（三）一般研究方法

1. 分工程类型研究

水利水电工程抢险施工技术研究，按照抢险施工对象的工程类型及其重点部位，可分为江河堤防、土石坝、面板堆石坝、重力坝、拱坝、泄洪系统、引水发电系统。中小型水库水电站数量多且抗风险能力相对较低，也可归入一类。滑坡、泥石流、堰塞湖等地质灾害频发，可作为三种灾害除险分类研究。这种分类研究方式，对于某一类型工程抢险施工技术研究而言，比较全面系统。

2. 分施工专业研究

按抢险施工专业类型，可分为开挖（推挖装运）、钻爆、钻灌、混凝土作业、金属结构与机电设备除险等。这种分类研究方式，对于某一项抢险施工专业技术研究而言，研究可相对深入；同时，对工程抢险队的专业技能培训和能力提高也相对有利。

3. 技术研究路线

针对某一类型工程抢险施工技术或某一项抢险施工专业技术，收集有关工程除险的资料信息，分析现有的快速抢险施工与安全控制技术（不限于水利水电施工技术）对工程抢险施工的适用性，应用"四新"技术，研究快速、有效的抢险施工技术。加强与设备制造商的技术合作，突出应急抢险新设备的研发。

自然灾害导致的水利水电工程除险，对受损工程进行安全性评价是首要环节，评价方法需要规范；科学确定处置方案是技术决策的核心，应急处置技术预案研究需要加强。开展抢险施工技术研究，分析灾害破坏表现形式和主要危害，确定重点研究对象；突出快速抢险与安全控制，确定重点研究内容；明确技术研究路线，分类进行研究。随着应急处置机制不断完善，工程除险技术研究将更加深入，重大工程险情将得到更加有效地控制。

第四节　截流及基坑排水

一、截流

水利水电工程是一项惠及民生的公共事业，在经济快速发展的同时，水利水电工程的开发建设项目越来越多，因此，截流技术的应用率也大幅度提高，逐渐成为提高水利水电工程质量的一个不可缺少的技术因素。截流工程在水利水电工程的建设中扮演的角色就是在施工导流过程结束之时，选择恰当的时机，借助围堰堰体的优势使河床被截断，从而实现河流的改道和水流的下泄。这就要求在水利水电工程的施工过程中选用正确的截流技术，并且对截流技术多加分析和改进。

（一）水利水电工程中截流工程常见的施工技术及方法

在所有类型的截流工程施工过程之中，操作最为简单的就是单支柱对立型的截流工程，单支柱对立型的截流工程所需的辅助材料也较少，主要适用于小流域的水力截流工程中。虽然对于人力、物力的需求小，但经常会因水文、地质条件等的变化而变得极不稳定，在进一步的修复过程中需要投入更多的资金，因此在进行单支柱对立型的截流工程施工时要对施工地带的水温、地质等因素多加注意和分析。

1. 立堵法

立堵法是截流工程施工中常见的方法之一，它的操作方法也较为简单，对辅助设备的需求也较小，因此可以有效地减少施工成本。此外，立堵法最大的优势之处在于省去了架设栈桥或浮桥等的工程操作，就大大减少了截流工程准备工作的工作量。但立堵法的运用对地域有一定的要求，一般是在地质条件较为稳定的地方。

立堵法的操作工序如下：

（1）立堵法在施工的过程中要先合理地将河床面积进行一定比例的缩小。通常从河床的两侧或者一侧开始向河床进行填筑截流并且戗堤，直到河床的宽窄度都有明显的变化，即水断面（龙口）形成之时就能停止填筑工作了。水断面形成后，就要开始准备进行水断面和河床的加固工作了。

（2）等待戗堤合龙的合适时机，从而实现水断面被封堵的目的。

（3）选用立堵法成为防止戗堤发生漏水情况的保护方案。在进行预防戗堤漏水的工作中，一般都会给工作人员配备齐全相关的防渗设备。

在水利水电工程的截流工程施工过程中采用立堵法，需要对进占、护底、合龙、裹头、闭气等环节多加注意。同时，在截流工程全面竣工后，还要对戗堤再次进行加高和加厚，形成围堰填筑的效果。

2. 平堵法

沿着龙口的宽度进行物料投抛时，当被投抛的物料高出水面时，投抛工作结束。与立堵法相比，平堵法的特点在于需要架设浮桥，并且在水断面形成之前就要结束此项工作。平堵法的应用对于河流的流速以及单宽的流量都没有较高的要求，投抛物料的重量也没有相应的限制。但是平堵法对于投抛物料的强度却有着较高的要求，即投抛物料时要保持较高的连贯性。除此之外，平堵法对于中小型河流的拦河闸坝截流施工的水域也有一定的要求。即水域要求平稳，船只不得从施工区域经过，这也会造成河道通行受阻的问题。

（二）水利水电工程截流工程施工过程中水流量的要求

1. 截流时间的确定

截流工程的施工质量与截流时间的选择息息相关，必须要保证截流时间选择的合理性。选择合适的截流时间与河流的泄流时间段、河流通行的空闲期、通航时间以及河流附近的社会状况等因素有关系。

（1）拦河闸坝泄流对截流时间的影响。技术人员在确定截流时间之前都会充分考察水利工程的各方面条件是否满足泄流所需的要求，并认真分析当导流泄水所用到的建筑器物在投入使用后，建筑器物是否依旧能保持自身的性能，避免出现任何阻碍河流泄流的情况出现。

（2）河流空闲期对拦河闸坝截流时间确定的影响。截流施工的时间应选择在河流的空闲期内。截流工作一般要在汛期到来之前结束，因此河流的空闲期也应该是在汛期到来之前的一段时间内将其确定。截流的时间不单单要以汛期为参照标准，还要考虑船只的通航时间。平堵法要求截流工程的施工过程中不得有任何船只过往，为了减少节流工作给河流通行带来的负面影响，还要将截流的时间确定在船只通航的低峰期。

（3）河流附近地区的状况对截流时间确定的影响。这里的地区状况主要指的是自然方面的状况。截流工程是一项会对自然产生较大破坏影响的工程，因此，一定要在确定截流的时间时充分考虑该地区的自然特性是否稳定，是否能承担截流工程带来的负面影响。

2. 截流设计中河流流量的确定

截流的流量指的是一定时间内水断面积聚的水流总量，对截流的流量进行设计时，要从施工地区的地质条件、水文特点、设计流程等方面进行考虑，一般要借助水文气象的预测校正方法、重现的年法等方法来对截流流量的具体设计提供依据。一般情况下，还要从截流工程的施工规模上确定截流的时间段在 5 ~ 10a 有重现期的月份或者河流月流量的总量比较平均的月份。设计截流流量的方法并不是单一的，还有其他常用的设计方法，例如频率法，在确定的时间段内，以某段河流的流量变化频率作为确定截流流量的依据；实测材料分析法，在河流的水文特性比较稳定而且水文资料比较完整齐全的情况下，可以考虑实测材料分析法作为截流流量确定的方法。

3. 水断面的位置与宽度的确定

拦河闸坝的水断面位置确定要以设计的具体要求为依据，合理的对河流的泄洪总量进行调整，不能影响社会发展对水源的正常需求和使用。水断面的位置一般都是在戗堤的轴线上，而戗堤的轴线是在综合分析河流两岸与河床的地质、河流的水运状况以及河流所处的地形情况下确定的，所以水断面的位置也与河流两岸与河床的地质、河流的水运状况以及河流所处的地形情况等因素的特性有关。由于水利水电工程的截流工程建设需要大量的施工材料，所以水断面一定要选择在地理位置相对宽阔的地带，这样水断面的宽度也就有了保障。水断面的宽度适宜有利于施工材料的运输以及泄洪量的控制。

地质条件对于水断面位置的选择影响体现在：只有覆盖层薄弱而且拥有天然的保护屏障的地带才利于水断面的形成。薄弱的覆盖层和天然的保护屏障可以大大降低水流对水断面的冲击力度，从而将水断面的使用寿命加以延长。

（三）水利水电工程中截流工程的施工难点

1. 截流工程在施工过程中要加大分流量，改善河流分流的条件

要加大河流的分流量，改善河流分流的条件首先要做的是确定导流结构的截面尺寸大小，并利用断面进行高度的标记。然后在河流的下游实施航道的开挖以及围堰结构的爆破，需要技术人员确定恰当的位置。由于在实际的操作过程中，经常会遇到河流下游的开挖难度过大而使得上下游的航道规模达不到标准要求，造成截流的落差过大。

2. 水断面水利条件的转换

在水利水电工程的截流工程施工过程中，要想将水文落差较大的情况避免，在设计时就要将水文的落差控制在 3m 以内。水文的落差一旦超过 4m，就要借助单戗堤实现河流的截流，前提是河流的载流量并不大。若河流的载流量过大，再利用单戗堤控制水文的落差只会起到反作用，但双戗堤、宽戗堤或三戗堤的建立可以有效地分散水文的较大落差，从而实现截流的目的。

3. 投抛物料稳定性的增大

投抛的物料一般是构架较大、葡萄串石类、异型人式的材料，为了将投抛物料的稳定性增强，需要在水断面的下游位置，也就是与戗堤的轴线相平行的位置设置栏石坎。

随着社会的发展，水利工程的开发和建设项目越来越多，因此社会对于水利工程质量以及存在合理性的关注度越来越大，这就要求施工单位在进行水利工程建设时一定要把质量意识放在首位，努力保证水利工程项目的质量。其中，截流工程的施工是整个水利工程建设的重要环节，关系着整个水利工程建设的质量是否过关，但目前的中小型河流的截流施工技术还存在较多的不足之处。相关技术人员和研究人员就需要对这方面的问题加以重视，不断地对这些不足之处进行分析和设计改进方案，尽快提高中小型河流的截流施工技术，从而更进一步的提高水利工程的施工质量。

二、基坑排水

水利水电工程的基坑开挖，其建筑基础表面通常比地表或地下水位要低一些，因此容易出现渗水、基坑降雨积水等问题，给水利水电工程建设造成很多问题。解决好上述问题，基坑的排水工作是一项非常重要的工作。

（一）基坑排水分类

在水利水电工程中，基坑排水工作占据着十分重要的地位，基坑排水工作的施工质量事关整个水利水电工程的施工质量和施工进度。水利水电工程基坑排水工程可以依据排水工作的施工进度和排水时间分为两种类型。①在建基面开挖之前对基坑进行排水。这种排水方式既要排出基坑的积水，还要采取有效的手段把基坑周边出现渗水的地方进行堵漏、防渗处理，以保证水利水电工程的基坑满足干地施工要求，从而保证水利水电工程的施工质量。②在基坑开挖过程中或是在建筑物施工过程中对基坑进行排水。这种排水方式时常是在水利水电工程施工过程中，施工人员要对基坑内积水进行排除，防止基坑内积水或水位上涨影响施工。

（二）基坑排水技术的工作重点

基坑开挖工作是水利水电工程施工的重要环节，及时经常的排水可以保证水利水电工程的施工质量和施工进度，消除基坑施工中存在的安全隐患，有效提高基坑施工的速度和质量。

1. 基坑排水的作用及目的

对基坑排水进行合理的应用，能够有效保障水利水电工程整体的施工质量，在基坑开挖的工程中，应合理的利用各种开挖技术，做好相应的基坑排水工作，以保证在基坑开挖过程中，最大限度地降低可能存在的安全风险因素，从而使基坑开挖工作能够顺利地进行，使水利水电工程的整体施工质量得到有效的保障和提升。基坑排水工作是水利水电工程施工重要的施工项目，通过基坑排水，能够有效地排除基坑中的各种积水，可以给基坑开挖创造一个良好的环境，合理应用基坑排水技术，可以提升基坑工程的施工质量，从而提升整个水利水电工程的建设质量。积水容易出现软化效应，会对基坑建基面质量造成一定影响，针对这一问题，需要对基坑进行有效的排水处理，从而使得基坑工程建设更具安全性与稳定性。

在水利水电工程施工中，通过基坑排水，可以将基坑内的积水、雨水以及渗出的地下水彻底排除，避免因水的软化作用降低基坑工程的稳定性，从而保证基坑处于一个相对干燥的施工中进行环境。

2. 基坑的初期排水

在水利水电工程施工过程中，施工人员通常采用在围堰合龙闭气之后排除基坑内部的积水与雨水，从而保证水利水电工程的基坑开挖施工在一个干燥的环境下进行，这一施工措施被称作初期排水。基坑初期排水的效果将直接影响到基坑工程施工的整体质量，如果初期排水效果好，基坑施工将会在一个良好的环境中进行，因此，基坑排水处理工作要做在最前面，排水的时间一定要在围堰合龙闭气之后。

3. 排水量的组成及计算

基坑工程初期排水，首先要求计算排水量，详细了解排水量的组成并计算出总排水量；同时，要有效掌控水位的降落速度以及排水时间等问题，这些工作能够保证基坑排水工作更加顺利地进行。

对于经常性排水，需对围堰渗水量进行计算，并要清楚的了解排水量的组成。对基础设计过程中所产生的渗水量进行全面的计算，根据计算结果，可以得出覆盖层所具有的含水量以及排水施工中所产生的降水量，这样即可得到整个工程的弃水量。分析基坑工程排水量的组成的过程中，必须严格的关注降水量，以日最大降水量作为重要参照依据，以保障在基坑建设过程中，弃水量和降水量不会出现重复计算的问题，导致降水量计算不准确。对基坑的渗水量进行合理的计算，必须严格按照围堰的组成形式和防渗所采用的方法等因素，这样才能得到具体的排水量的组成部分。

4. 水位降落速度及排水时间

如果是土质围堰或覆盖层边坡，水利水电工程的基坑水位下降速度一定要控制在允许的范围之内。通常刚刚开始时的排水降速为 0.5 ~ 0.8m/d，到达临近全部排干时，排水降速可以到达 1.0 ~ 1.5m/d。对于其他形式的围堰基坑，水位降速通常并不是主要的控制因素。如果是混凝土围堰和有防渗墙的土石过水围堰，如果河槽的退水速度较快，而水泵的降水能力不能有效适应降低基坑水位的要求时，围堰可能被其产生的反向水压力差破坏，此时，需要经过技术经济论证，来决定是否需要设置退水闸或逆止阀来矫正这一现象。综合考虑基坑工程工期的时间紧迫程度、基坑工程水位允许下降的速度、各期抽水设备的情况和相应的用电负荷的均匀性等问题，综合确定合理的排水时间。

5.排水方式

排水方式主要有明沟排水和人工降低地下水位两种方式。明沟排水一般用于渗透系数较大的有砂卵石覆盖面地基中。人工降低地下水位主要由管井排水法、喷射井点法等施工方法组成。在实际工作中，施工人员通过对当地的地质条件、基坑开挖深度等情况进行全面的分析，然后选取合适的排水方法进行基坑施工。

6.排水设备的选择

（1）泵型的选择。由于离心式水泵可作为排水设备，又可作为供水设备，因此，在水利水电工程经常采用。离心式水泵的特点是结构简单，运行可靠，维修简便。离心式水泵有很多种类型，SA型单级双吸清水泵和S型单级双吸离心泵这两种型号的水泵在水利水电工程中应用最多，特别是在采用明沟排水的排水方式中更为常用。通常，在初期排水时需选择容量大水头低的水泵；在降低地下水位时，宜选用容量小水头中高的水泵，在将基坑中的积水排出基坑围堰外的泵站中，则需选择容量大水头中高的水泵。

（2）水泵台数的确定。初步选定水泵型号后，根据水泵所承担的排水流量的大小来确定水泵的台数。备用水泵容量的大小，应不小于泵站中最大的水泵容量。

（三）基坑排水工作中应注意的问题

基坑排水工作中需要注意的问题包括以下三方面的内容：

1.对于最为常见的开沟排水基坑排水方式，对排水沟进行开挖时，应注意沟渠的布置尽量避免对工程施工造成干扰；同时，排水沟截面的选择应根据渗水量确定，并且应保持一定的纵坡坡度，以便进行集中渗水。

2.对于管井抽水设备的选择，不能盲目随意挑选，应在建成集水井之后，根据抽水试验的结果进行合理选择，通常选择流量小、扬程高的水泵，这样便于有效控制抽水量和流速，避免流砂现象的发生。为避免损坏过滤器的缠丝，在集水井正常抽水工程中，必须保证水位降低的高度不能低过第一个取水层的过滤器。

3.为防止经水泵排出基坑的积水再次回流到基坑，造成反复抽水，应将积水引导到远离基坑的地方，并且要保持排水沟的排水能力畅通无阻，还需要安排专门的工作人员对排水沟进行定期维护和清理。另外，需根据含水层的土质、泥浆使用等情况来确定对抽水井的清理方式。对于成孔时间较长、泥浆消耗量较大的井，可采用活塞、提桶、水泵、空压机等联合洗井方式，以提高洗井的速度，从而保障基坑排水工作更好地进行。

综上所述，基坑排水是水利水电工程项目建设中的最为重要环节，是保证基坑施工质量、施工进度、工程安全稳定的基础。因此，贯穿整个基坑开挖前期到开挖完成的全过程，再到基坑主体工程施工全部完成的整个施工周期过程中，都应认真做好基坑工程的排水工作。基坑排水工程排水方法的选择要切实根据基坑建设所处的不同的地质条件和水文情况，采取相应的排水方法，以确保基坑排水的有效性和高效性，从而保证整个基坑工程施工的安全性和稳定性。

第四章　水利水电工程主体工程施工

第一节　地基处理的基本方法

一、水利水电工程的地基概况

我国的版图幅员辽阔，在 960km^2 的土地上曾现西高东低的状态，我国的地形比较复杂。我国的水资源的分布南方多雨容易出现洪涝灾害，而北方干旱少雨，这样的情形非常的严峻，与此同时我国非常重视水利水电的建设，怎么能够建好工程就显得非常的重要。由此我们可以看出，地基在我们施工的过程，以及日后的工作都有着非常重要的意义，下面介绍几种由于地基影响对于水利水电工程的影响的一些方面：

①在我国特殊的地理条件下，有些地形地质是非常的恶劣的，在一些土石的防滑结构上有很大的不牢靠性，很多情况下不能很好地承受住压力，这类地形是不宜进行水利水电工程的建设；②地基层土质太软的情况下是不适合进行工程的建设。由于基层的土质较软，一旦工程建设了就会容易出现坍塌，沉积，变形等多重隐患；③工程的地基一定要选择土质透水性较好的地方，如果不能保证透水性良好，那么就会为未来埋下很深的隐患。

二、水利水电地基工程的施工前期要求

做好施工前的准备工作可以提高现场施工的效率，水利水电各个项目的负责人需要对工作前期要素进行系统的分析与严格的审查，要保证施工所需的原材料、施工资料以及安全应急方案符合国家的标准。对于地基处理人员的技术能力进行考核，确保地基处理人员的专业技能能够胜任此项工作。对于水利水电地基处理相关人员进行专业的培训工作，以提高整体的专业知识，为水利水电地基处理工作的顺利进行做好前期准备工作。地基施工的监管部门需要完善监管制度，加强监管意识，制定出详细的监管方案，只有一个完善的监管体系才能有效地保证水利水电地基的施工质量。

三、水利水电工程施工地基施工特点

水利水电工程施工地基的主要特点就是含水量较大，虽然水利水电工程中的水主要是

储存在蓄水池里，但是由于环境特点，水利水电地基会比较潮湿，并且其中经常会有水存在，使得地基的可压缩性增大，而对于地面的承载力降低，导致地基施工质量出现问题。水利水电工程地基在施工过程中会受到施工周围环境的影响，使得地基施工不能正常进行，地基中的含水量使得地基的稳定性降低，要增强地基的稳定性就要对其进行排水。但是由于水利水电工程的影响，对地基排水是很困难的，所以需要将地基进行一定程度的处理，利用新技术将地基以及软土地基进行技术加固，提升地基的整体质量。

四、水利水电地基工程施工要求

在进行工程建设之前，必须对地基施工的基本情况和要求进行全面掌握，所以在工程开展之前需要进行以下几项工作：①做好施工前的准备工作。一项工程想要有个良好的施工过程，就要把先期的工作做好做足。作为相关的项目负责人，一定要对所进行的施工进行全方位了解，把每一方面的因素都要进行详细的审核，像是施工人员配备，施工过程中气候的预测，各种资料的配备，应对事故的紧急方案，对于施工计划的进一步分析等等。②施工过程的监控计划。在施工的过程中如果不能够保证工程的质量，在施工的过程中就可能导致工程的失败，所以在质量监控这一块初期一定要做好规划，这样做的目的就是在施工期间一旦发现问题，可以及时寻求解决的方案，这样对于工程的质量非常的有用。

五、水利水电工程地基工程施工新技术

（一）对新材料的应用

随着我国经济的不断发展，项目工程施工中的新材料也在不断涌现，相关的建材市场已经根据以往建筑项目的材料需求在原有的材料的基础上引进了新的材料，但是水利水电地基施工的条件具有限定性，并且在施工过程中可能会产生不同程度的施工风险导致地基施工不能正常进行。虽然新材料的应用为地基施工提供更多的可适应条件，但是在施工过程中还是需要根据地基施工周围的环境以及地质土质对新材料的适用性进行检测，以免在实际的地基施工过程中由于材料运用不当导致地基施工受到影响。

（二）土壤加固技术

水利水电地基中的地质一般都会呈现比较松软的状态，使得地基的承载力不足以对地面进行长期承重，导致水利水电整体工程在施工过程中受到严重影响。一般来说可以采用化学加固法对水利水电地基进行加固，将有关的化学材料掺入到地基施工材料中均匀搅拌，通过这种方式能够使得土壤有一定程度的加固。土壤加固技术不仅对施工材料有较高的要求，还需要施工人员具有比较专业的技术以及素质，运用新兴的土壤加固技术进行施工，能够最大限度地保证地基土壤的稳定性。

（三）施工方案的优化

对于水利水电施工来说，进行施工方案的优化是地基施工处理技术中的必要处理方式，相关的施工设计人员需要在施工前期对地基施工的环境以及天气变化进行预测，并且对施工材料和技术进行严格的检测，这样才能保证水利水电地基施工的整体质量。施工单位要将施工人员的技术进行工艺优化，水利水电地基施工对技术处理有较高的要求，在施工过程中需要严格考虑地基中的预埋管道，然后对其进行深度了解，确认管道在地基中的位置，防止地基施工的开挖过程中损害管道。

（四）换土技术与强夯技术

水利水电地基中的土质材料一般都是软土，而软土本身的稳定性就比较弱，在水利水电工程的施工过程中又会由于潮湿等因素降低软土的稳定性，导致其承载力在原有的基础上有所降低，所以在地基施工中施工单位需要将软土进行替换。在水利水电地基施工中可以用优质沙土替换软土，沙土本身的稳定性较强，并且受渗水的影响较小，能够对地基进行一定程度的加固。在用沙土进行地基施工之后，还需要用强夯技术对地基进行打击和压实，进一步提高沙土的稳定性，并且减小土壤的空隙率，降低渗水率，从而达到水利水电地基施工的稳定加固。部分水利水电工程对地基施工的要求不是很严格，在这种情况可以省略换土技术，直接对土壤进行打击，利用强夯技术对土壤进行加固，而对于一些有要求较高的地基施工则需要先换土再运用强夯技术，实现地基施工的严格要求。

（五）软土地基加筋加固与桩基基础

地基的稳定性是水利水电地基的施工重点，同时也是需要考虑最多的点，如果地基稳定性不强，则容易使得水利水电的基础工程在施工过程中受到影响。软土地基加筋加固技术在地基施工中可以与桩基基础施工相结合，通过对软土地基的加筋加固使得基础施工更加牢固，提升结构稳定性，并且能够使得外部对地基的压力均匀分布，不会使其集中在一个点，但是这种技术在实际运用过程中难度较高，需要施工人员具有这方面的专业技术，并且技术成本也比较高，所以在使用这项技术时需要结合水利水电地基施工的实际需要进行选择。

（六）动力排水与旋喷技术

在水利水电工程的施工过程中，很多施工部分都会受到含水量的影响，在地基施工过程中也会发现地基中具有部分水，使得地基软化，稳定性差容易变形，这是水利水电地基施工的主要影响因素。动力排水主要就是利用排水系统对水的吸收能力将地基中的水进行吸收，降低地基的含水量，增加地基的强度。旋喷技术主要应用于地基深度较大的水利水电工程，对地基进行深入喷射，使得地基的水含量下降，将深层中的液体成分迅速转化为固体，在降低水含量的同时对地基进行加固。

六、水利水电工程不良地基的处理与施工

（一）差质量地基的特征

1. 缺乏透水性

一般的情况下，地基中都会含有大量的水分，这样对于地基的严格程度也就增加了，我们知道水利水电工程与水接触的部分会更多，所以在透水性这一块一定要做好，地基是水利水电的基础，一旦地基的水分增加势必会直接影响到地基的牢固度。

2. 孔隙比较大

对于地基周围的土壤也是有严格的要求的，一旦是混有淤泥性质土壤就非常的不利，主要是水分过高大大地超出原有的标准，对于质量是一个严峻的考验。

3. 抗剪强度比较弱

多数情况下，软土型地基容易出现软塑情况，如果遇到外界的载荷作用，抗剪强度就会变得非常弱。地基里面的排水系统在一定压力的作用下，它的抗剪强度会逐渐上升，有时候还会凝固成块。

（二）差质量地基的施工技术

地基可液化土层处理技术。在具体水利水电建设施工中，经常会出现土层液化的现象，造成地基不稳固、塌陷或者错位的风险，这在一定程度上对工程的安全使用造成了很大危害。可液化土层的基本特征为抗剪强度低，稳定性差，属于危险系数较高的土层，为了确保其安全性与稳定性，就必须制定科学合理的对策：①控制其面积拓展与扩散，在四周适当的搭建一些混凝土墙；②把地基里面的这种差质量类型的土层彻底清理掉，选择渗透性良好、高强度的涂料来取代。当然，具体问题得具体解决，所以在水利水电地基施工过程中遇到的这类问题还得参照当地的具体土质条件进行规划，确保水利水电工程安全有序的展开。分段地基透水层的防渗透处理技术。透水层的定义为土体中能透过水的土层，是水利水电工程地基施工技术的重要环节，透水层质量的好与坏会对水利水电地基施工品质产生重要影响。一般来说，水利工程多数建设在大坝中，如果其亲水性和自重应力较强就会导致水体的流失速度加快，严重则会出现管涌现象，影响地基承重能力，使工程地基不稳固，轻者造成安全隐患，重者则会造成安全事故。

我国社会经济在不断地发展，人们的生活质量也在不断地提高，水利水电工程地基处理技术需要跟进时代的步伐，改进新的处理技术，提高地基施工技术的专业性，以此来保障水利水电地基的质量问题。地基的建设是水利水电工程中一个最基础也是最重要的部分，需要相关的工作人员足够的重视。随着时代的进步，人们对于水利水电的施工技术要求会更高，这就需要地基设计与处理人员进行不断地研究与探讨来提高其自身的专业素养，为

国家的水利水电事业做出贡献。

第二节　地基灌浆处理技术

一、灌浆技术的简述

灌浆技术是利用高性能、高强度的建筑材料作为骨料，以水泥或有机高分子作为基质，再添加一定的外加剂后，用适量的水搅拌均匀，形成对裂缝封堵。地基加强的灌浆材料，注入施工孔隙并固化，起到提高水利工程或地基的强度、封堵裂缝的作用。在我国大力兴建水利工程的今天，灌浆技术的应用越来越广泛，其所具有的形变小、无毒害、耐老化等优点，在水利工程建设中充分发挥作用，为建成高质量的水利工程创造了条件。灌浆技术优点的具体内容为：

（一）形变小

灌浆技术所应用的材料具有高性能、高强度等特性，在外加剂的作用下，可以使材料的性能更强，一旦固化将难以变形。这使得灌浆技术具有形变小这一特点。

（二）无毒害

尽管灌浆技术所应用的材料中含有一些化学合成品，但是这些化学合成品并没有任何的毒害，不会给人的身体或周围环境带来不良影响。所以，可以安全放心的利用灌浆技术进行水利工程建设。

（三）耐老化

灌浆技术还具有耐老化这一特点，主要是在灌浆中以水泥或有极高分子材料为骨料，并添加了抗老化的外加剂，这使得灌浆应用更持久，不必担心被老化这一问题。

二、灌浆技术在水利工程的运用

水利工程地基处理是整个工程建设中非常关键的环节之一，其对水利工程的能否长期坚固耐用有一定影响。为了提高水利工程的应用性，对于地基处理一定要慎重进行。对此，将灌浆技术有效的、合理的应用于水利工程地基处理中是非常必要的，其可以针对不同的地基情况，予以合理的处理，进而提高水利工程地基质量。

（一）水利工程地基冒水

水利工程地基冒水对于水利工程建设的影响较大，容易降低水利工程的使用寿命。对此，采取有效的措施予以处理和控制是非常必要的。水利工程地基冒水主要有两种情况，即水利工程地基某一部分冒水和水利工程地基裂缝渗水。利用灌浆技术对水利工程地基某一部分冒水的处理是在冒水部分埋设孔口管，将冒水部分的积水和漏水进行处理，再利用灌浆将孔口管予以封堵，进而保证地基冒水部分更加坚固，避免再次出现地基冒水的情况。利用灌浆技术处理水利工程地基裂缝渗水，主要是在地基渗水周边钻孔，埋设孔口管，将渗水引走。再利用高性能的灌浆来封堵裂缝，有效的处理地基裂缝。在保证地基不会渗水的情况下，利用砂浆来处理孔口管。如此便有效的处理水利工程地基冒水的情况。

（二）水利工程地基吸浆

一些水利工程地基处在裂隙层之上，在对水利工程地基进行灌浆处理的过程中，因岩层的结构特点，会使灌浆沿着岩缝流失，致使水利工程地基灌浆效果不佳。对于此种情况的处理主要是：①通过降压或自留方式来降低灌浆的压力，减缓灌浆速度，使部分灌浆在细缝中凝固，进而封堵细缝。再次进行灌浆工艺，提高地基灌浆效果。②加强灌浆浓度，促使灌浆更加粘稠，同时这也能够增加灌浆的吸附性。利用此灌浆来进行水利工程地基灌注，可以大大降低地基吸浆的情况。③在灌浆中添加速凝剂也是解决地基吸浆情况的有效措施。主要是通过速凝剂来提高灌浆的凝固速度。在水利工程地基灌浆过程中能够使灌浆快速凝固，进而大大降低地基吸浆的可能性。总体来说，从优化灌浆入手来处理水利工程地基吸浆的情况，可以有效地解决这一问题。

（三）水利工程地基大孔径渗水

水利工程地基大孔径渗水问题需要有效的控制和处理，若如处理不当很容易导致水利沉降等情况发生。而合理的、有效的利用水利工程可以有效地解决水利工程地基大孔径渗水问题。利用灌浆技术处理水利工程地基大孔径渗水，首要的工作内容是确定地基大孔径渗水部位有无水流。对于无水流的情况，结合水利工程地基的实际情况，在浓浆、水泥砂浆等几种灌浆中选择适合的灌浆，对地基大孔径渗水部分进行灌浆，已达到封堵裂缝的目的，有效地避免地基大孔径渗水的情况发生。对于有水流作用的情况，可以选用浓度较大的水泥浆来灌注大孔径渗水部分，以此来灌注粗砾和砾石。若如利用水泥浆灌注效果不佳，可以将稀碎的配料填满地基大孔径渗水部分，在进行浓浆灌注，如此便能够有效地处理地基大孔径渗透问题。

（四）水利工程地基处于岩溶地段

地处岩溶段的水利工程，若如地基处理不当将会导致水利工程沉降或坍塌等情况发生。为了水利工程能够长期坚固、稳定、耐用，需要利用灌浆技术来有效的处理地基，提高地基质量，保证水利工程坚固耐用。利用灌浆技术来处理岩溶地段的水利工程地基，主要分两种情况，即无填充物的岩溶地段和有填充物的岩溶地段。无填充物的岩溶地段水利工程地基处理，主要应用高流态混凝土直接回填处理即可，这不仅有效的填充了空洞的岩洞地段，还能够增加地基的坚固性。如若需要岩溶地段的空洞过大，可以先在空洞中填入一些碎石，在此基础上进行混凝土回填，就能够有效的处理岩溶地段的空洞。有填充物的岩溶地段水利工程地基处理，主要利用高压灌浆的方式，促使岩溶地段的填充物更加坚实、紧密，这能够提高填充物的坚固性，在此基础上进行水利工程建设，能够有效地避免水利工程沉降的情况发生。总体来说，灌浆技术合理、有效的应用能够针对不同类型的岩溶地段水利工程地基予以恰当的处理，进而提高水利工程地基承受力、坚固性，为建设高质量、坚固、耐用的水利工程创造条件。

水利工程地基运用灌浆技术进行防渗、堵漏和地基加强是一项正在开展，并越来越广泛应用的技术，水利建设者应该明了灌浆技术的实质，理解灌浆技术的思想精髓，确保水利工程地基运用灌浆技术的效果。本节对水利工程地基项目中运用灌浆技术进行冒水处理、吸浆处理、大孔径渗水处理和岩溶地段处理进行了简述，由于研究能力的限制，文中还有缺点和不足，希望同仁能以批判和借鉴手段和眼光看待本书，在后续的工作中做好水利工程地基运用灌浆技术的成本控制、效率提高和方法拓展等工作，在扩大灌浆技术应用范围、提高灌浆技术应用效果、增加灌浆技术应用经验上做出不断的努力，共同推进灌浆技术在水利行业的应用走向深入。

第三节　土石方开挖工程

在加大基础性设施的建设进程中，水利水电工程作为惠及民生的一项重要工程得到了较多的关注。作为基础设施工程，对其相应的施工质量的要求也在不断地提升，这就需要水利水电工程各施工环节的施工技术能够满足相应的要求，同时需要加大整个工程的监管力度，从而能够保证各部分分项工程的施工质量。土石方工程作为整个项目的基础性施工环节，其施工质量的好坏直接对后续施工有着重要的影响，因此需要加大对其相关施工技术的研究。

一、土石方工程施工技术含义及特点

（一）土石方工程施工技术含义

在水利水电工程中，土石方工程的施工技术至关重要，在项目实施过程中，采用更加合理的施工技术则是控制施工质量的前提。在施工之前，需要根据实际施工环境进行合理的安排施工工序，尽量能够避免在雨季进行土石方施工，同时要对施工场地进行合理规划，最大限度地减少耕地的使用，同时在考虑到施工成本情况时，需要对土石方的填挖量进行控制，尽量能够保持平衡。能够选择最佳的水利水电工程土石方施工技术，一方面能够保证施工顺利，另一方面能够确保水利水电工程能够实现其最终的水资源合理调配功能。

（二）土石方施工技术特点

任何一个水利水电工程，都是一个极为复杂的工程，施工周期较长，施工成本较高，施工难度较大。在三峡工程的兴建中就长达十几年，同时整个工程的造价达 900 多亿元。土石方工程作为基础性工程，面临着更加艰难的施工环境，施工周期较长，在资源的耗费上也是较大的。在水利水电工程中，施工环境，施工地质条件与施工场地地貌特征紧密相关，土石方工程的施工条件则更加恶劣，加上地形的复杂多变，相应的施工技术难度较大。除此之外，在土石方工程中，涉及的施工面积是最为广泛的，这也增加了质量控制的难度。

二、土石方施工的常见技术

土石方施工技术是水利水电施工质量的重要保障因素之一，在整个工程的实施中具有重要的作用，随着我国经济水平的发展壮大，水利水电工程的建设项目也在越来越多，土石方施工技术的水平也在不断地进步，从实践之中可以得出，现代的土石方施工技术主要包括了以下几种：

（一）土石方爆破技术

爆破技术主要就是指研究者在对各种先进技术与设备进行研究的基础之上，依据施工工程本身的实际而进行的一种新兴的施工技术。该技术在设备方面相比较于传统的施工技术而言，它主要是用现代的潜风钻代替了传统的手风钻，从而大大提高了施工的效率及施工的技术含量。通过运用潜风钻土石方施工技术，在实际操作中极大地提高了钻孔的精准度，并且对于技术人员掌握施工质量起到了很好的帮助作用。从该施工技术的工艺角度来看，施工人员对于混装的炸药车进行了改造创新，形成了一种新型的炸药装置设备，从而大大地提高了我国炸药安装的水平，并且还对爆破施工产生了良好的效果，这项技术在我国得到了普遍的应用。

（二）土石方明挖技术

随着科技水平的发展进步，爆破的微差技术、光面技术及预裂技术等都得到了很大的发展，开始逐步地在水利水电工程中得以广泛的应用。比如在一些特定的水利水电施工过程之中，一些单位为了能够切实确保在土石方开挖的时候能够精确、准确，他们大多数会采用高度边坡的开挖方式，这种开挖的方式已经相当成熟，因此运用此种方式可以更好地控制土石方的稳定性及开挖的准确性；同时该项技术还可以对爆破技术进行合理的控制，提高其操作的准确率。相比较于过去传统的土石方开挖技术，随着各种新技术、新工艺的广泛应用，现代的土石方开挖过程中工作人员已经逐渐的将小梯段爆破方法、光面预烈的爆破方法进行广泛的应用，这极大的提高工程的施工效率，大大地降低施工的成本，而且还可以有效的保障土石方开挖工程的质量，提高水利水电工程的总体质量。

（三）土石坝施工技术

土石坝是水利水电工程中一种常见的大坝子形式，随着水利水电工程数量的不断增多，土石坝在水利水电中的应用范围也越来越广泛。现在的土石坝工艺已经形成了许多的不同的类型，包括心墙的土石坝、沥青混凝土面板的土石坝等等，这些土石坝施工技术在水利水电工程之中被广泛地应用之后，不仅可以提高施工的整体质量，而且还可以降低施工的成本，因为这些技术的造价相对来说比较的低，因此这种施工技术在水利水电工程之中是非常值得进行推广应用的。

（四）水利水电工程中的地下工程的施工技术

为了适应现代社会发展的需要，水利水电工程作为一项基础的工程项目得到了广泛的推广建设，它的主要功能是能够达到抗洪减灾、灌溉农田、调节地表及地下水的功效，因此为了达到水利水电的工程目标，地下洞室成了水利水电工程中不可缺少的组成部分，为了保障这些洞室的施工质量，工作人员就必须改变传统的施工模式，采用先进的新技术、新手段来保障工程的施工质量，提供工程的技术水平。随着这些技术被广泛地应用，现今在水利水电工程施工中已经积累了丰富的实践经验，我们在今后的施工过程中，要不断地进行完善，从而保障工程顺利进行，提高工程的整体质量。

三、提高土石方施工质量的重要措施

随着地方经济的飞速发展，对水利水电工程的需求越来越大，建设地域越来越多样化，伴随而来的建设难度也就越来越重，尤其是对于地质条件越来越复杂多样的土石方施工工程。为了更好地保障土石方工程的施工质量，加强水利水电工程的总体质量，我们对水利水电工程的土石方施工提出了以下几点要求：

（一）施工前对地质条件的充分掌握

水利水电是一项利国利民的重大工程，万不可有一丝的马虎，因此在施工之前一定要对施工地的地质条件进行认真的勘测，设计符合实际的施工图纸，并请专家给出准确的地质勘探报告与施工可行性报告，从而对施工区域的地质条件做到充分的掌握，做好提前预防方案。

（二）开挖前对施工地的各种障碍物进行妥善的处理

正式施工前根据施工图纸的要求，准确的核定基点、定位桩及基槽尺寸，对周边的树木、山丘等一切障碍物，要按照施工的标准要求进行合理的处置，并且要经过再三的复测，使之精确达到施工的标准要求，然后才能进行施工。

（三）工程承包商必须保障土石方施工工程原材料的优质量

只有良好的材料才能建成高质量的工程，在施工前及施工中，承包商要严格检查原材料的质量，把好源头质量关，准备好施工设备及易损易换的零部件，做好前期的准备工作，运用良好的材料为水利水电工程打下坚实的基础。

（四）统筹安排，科学合理组织施工进度

水利水电工程的建设都会经过一个汛期，一定要在汛期前完工，尤其是土石方工程，否则将会严重影响工程质量。因此必须合理安排、统筹策划施工进度，尽可能地采取先进的施工技术与工艺加快施工进度。

四、土石方工程施工技术的发展方向

就我国目前的水利水电施工技术来说，为了更好地适应新形势发展的需求，土石方技术应朝以下方向发展：

（一）创新土方开挖技术

要及时掌握施工区域的地形地貌及交通设施，做出全面的土方挖方施工方案，从而根据掌握的地质条件和做出的挖方施工方案，建设地表面的排水系统，以加固地基土结构，降低地下水水位，以保证工程的稳固性。

（二）发展土壤加固技术

除了现有的硅化土壤加固、电化学土壤加固及高分子土壤加固的方法之外，还应该加大创新，利用更多的化学方式加固土壤。通过各种物质之间的化学反应形成胶凝物，活化土颗粒的表面，提高土层连接力度和荷载强度，已达到稳固水利水电土石方工程、提高水利水电工程的作用效果。

（三）创新土石方建设新材料

随着科学技术的发展，人们的研究水平越来越高，对新物质的研究成就也越来越突出，比如化学锚栓，它在水利水电工程中的作用比传统的膨胀锚栓更有优势，利用空间也更广泛，今后我们一定要加强对水利水电工程建设新材料的研究和使用。

水利水电工程是满足人们日常需求的重要基础设施之一，近几年来，随着我国经济的飞速发展，人们对基础设施工程的水平要求越来越高，为了更好地满足广大人民发展的需求，我国在不断的增强对水利水电工程施工质量的监管，确保每一项工程都能满足人们的需求，促进社会的发展，土石方施工作为水利水电工程的基础工程之一，在整体之中具有重要的作用。

第四节　土石坝工程

水利工程的施工中，土石坝的施工已经发展了很长一段时间，随着技术的进步和提升，施工中的环节有了新的改变，机械的使用也越来越多，这使土石坝工程的效率和质量有所提升，技术应用使土石坝工程得到了改善和提高，对坝体的结构有加固的作用，同时减少了安全隐患，这使土石坝建设的水平有所提高，这样可以节省施工的成本，同时对工程的质量有提升作用。水利工程的发展使土石坝技术应用的竞争更加激烈，同时，其中也存在一些问题，对工程有着影响。

一、土石坝技术概述

土石坝的建设是水利工程中常用的一种类型，这种坝体的建设的数量有着大幅度的增加，随着建设的不断发展，加上使用的机械的频率也逐渐增加，这使土石坝的建设和施工技术得到了更快的发展，土石坝的建设虽然有着非常广泛的应用，但是在技术的发展上，我国的施工水平还有待提高，和其他国家相比仍然存在较大的差异，所以，提高土石坝施工技术具有非常重要的作用。

土石坝的施工受到广泛应用是由于其具有很多的优势，在施工上对材料的获取比较简便，对当地的土料和石材等进行建设即可，技术的施工过程也比较简单，工程的要求比较低，建设中使用的其他材料，包括木材以及其他的材料等的使用要求也比较低，这使建筑中的运输需求降低，减少了成本。在后期的建设中，需要的成本也比较少，进行扩建或者其他建设的时候，利用土石来施工，这样还可以增强土石坝的坚固性，这些特点都是土石坝施工技术受到大量应用的原因。

二、土石坝施工技术的优点和缺点

（一）土石坝施工的优点

土石坝技术的发展有了很长一段历史，在这个过程中，施工技术得到了一定的提升，在水利工程施工中，存在很多类型的水坝，其中土石坝的应用有着特殊的优点，这些优点使土石坝的建设得到了发展。土石坝施工技术的优势包括，在施工的过程中利用挖掘的土石料就可以作为施工的材料，这样可以节省资源，减少复杂的环节，同时能够对其他材料的使用起到节约作用，使成本有效地降低，使施工的进度加快。施工技术的操作比较简单，这样可以减少施工人员的工作量，还可以提高施工的质量，使工程的质量得到提高，在后期进行的保养也能够顺利进行。

（二）土石坝施工的缺点

虽然土石坝施工技术存在很多的优点，但是也有着一定的缺点，在技术的操作中难以避免。在进行导流施工的时候，土石坝的材料比较特殊，对导流的开展有着较大的困难，这使施工中的环节受阻。当遇到洪涝的时候，土石坝可能会出现顶部溢洪的问题，造成一定的危害，同时，受到环境等因素的影响，土的性质会发生改变，导致工程受到影响。土石坝工程和其他的工程有所不同，在施工中的致密性较低，这会使坝体的渗漏问题产生。土石坝工程的渗漏问题不仅会造成水资源的大量流失，还会对坝体造成严重的危害。

三、土石坝施工的要点

土石坝施工中的技术要点较为简单，但是要控制好这些部分，才能使工程的质量提高，施工人员需要通过掌握施工中的要点部分来加强施工的质量，所以对施工技术的了解需要达到一定的程度。土石坝施工技术中包含的要点主要分为以下几个方面：

（一）料场的设计安排

在土石坝的施工中，需要对现场进行科学的规划设计，也就是料场的设计，这对工程施工有着重要的作用，也对土石坝的质量有着一定的影响，甚至对周边的环境发展产生影响。在施工开始之前，将施工进行合理的设计，对料场进行细致的勘查和分析，并且制定详细的规划，这样可以利于坝料的开采过程，使工程更加顺利。不同性质料场有着不同的用处，含水量较高的料场在夏季使用，相反，在冬季使用，近料用来针对强度比较高的施工，强度比较低的施工采用远料，这样可以使运输得到合理的安排，避免了问题出现。料场的高程和填筑中选取适当，这样可以使运输更加便捷，就近取料可以减少施工的成本，同时加快进度，这样还可以避免过坝交叉运输，减少了对工程的干扰。

（二）土料的处理

土料在刚刚被开采的时候，具有含水量多的特点，在施工之前需要将其中的含水量进行改善，在填筑压实的过程中土料的含水比率应该在最优水平的 2% 范围内。工程中使用的土料为台地以及河滩的土料，导致含水量比较高，可以采取蒸发、翻动和晾晒等方式降低含水量，这样可以使土料符合标准。坝体在填筑之前要将土料中的较大的石粒进行清理，如果这种物质过多可能会到最后坝体的紧密型降低，清除的过程中使用推土机进行处理即可，如果处理的没有彻底，在填筑面的平衡过程中再次进行清理，保证清理能够到位。

四、施工遵循的原则

施工中需要遵循保证施工质量的原则，其中对坝体的结构建设需要追求稳定性，这样可以使挡水的功能得到发挥，促使水利工程的质量提高。还要在围堰的使用上进行控制，在工程完成之后才能进行拆除。施工重要考虑工程的成本，严格的控制质量，利于减少施工成本。

五、填筑施工技术

合理发挥土石坝施工技术在水利工程的建设中的积极作用，采用科学的方式将土石坝施工技术应用于水利施工中来，是社会发展的要求，也是保障人们安全稳定生产生活的积极举措。

（一）土石坝坝面作业施工程序

土石坝坝面作业包括的施工程序有：铺料、摊铺、洒水、压实、质检等工作。坝面作业，工作面狭窄，工种多，工序多，机械设备多，施工时需有妥善的施工组织规划。其次，在作业施工过程中，应当确定坝面施工的影响条件，从而积极采取施工技术进行解决，这样才能够确保整体施工流程和技术落实完善。

（二）平整施工技术特性

在施工环境中应当确定基础条件具备平整性条件才能够确保实际工作环境稳定，并能够提供有效的接缝和削坡条件，从而确保整体填筑质量的套公式，能够确保材料构建体系完善，并基于堆石填筑面特性，将做法有效渗透，同时依据施工进度控制砂土施工顺序。

（三）分层夯实技术分析

在土石坝材料体系铺设结束后，应当依据相应厚度和岩土质量条件进行分析，确保属性满足后，便应当采用有效的夯实设备进行密实度压缩，以确保实际基础环境稳定的同时，将材料稳定性与粘接性有效巩固，直至达到需求设计标高，在确定夯实系数满足实际要求后，才能算作施工条件满足实际需求。

六、土石坝施工质量管理

（一）夯实坝体地基，满足一定的承载和防渗要求

一是对坝体基础进行处理，使其具有足够的承载力。在完成基础处理工作后，才能实施填筑施工；二是对于在覆盖层较深的地方修建工程，其基础处理的工程量比较大，应根据需要采用振冲、防渗墙、固结灌浆、帷幕灌浆等方式对地基进行综合性处理，夯实坝体地基。

（二）注重水文对施工的影响，根据季节特点安排工期

土石坝施工受季节性水文气象的影响非常敏感，因此必须高度重视水文气象对施工的

影响。一是在多雨季节，对土料的含水量影响很大，严重制约着大坝的填筑，施工强度也会受到较大的影响；二是在气温较低的冬季，土料易冻，需要采取积极措施，才能进行填筑，若遇冬天雨季时进行填筑施工，投入比平时要高，而产出则比平时要低；三是当要在度汛期进行施工时，应针对度汛期的特殊性编制具体的施工方案。土石坝工程施工时，一般能出现漫顶过流的现象，因此土石坝"施工高峰期"必须控制在截流后第一个汛期到来前的这一阶段；四是在北方地区进行冬季施工时，更应提高月填筑施工的强度，严格按照安全度汛的要求达到拦河高程。

（三）合理进行坝面分区，确保填筑工作施工顺利完成

一是由于土石坝体型比较大，给坝面分区流水作业带来了方便，因此必须对坝面进行合理的分区，严格按照填筑工序进行作业，切实做好铺料、摊铺、洒水、压实和质检等工作；二是应根据填筑的需要进行防渗土料的选择和施工，并应根据实际需要合理地划分填筑区域，实施流水作业，对机械设备和填筑情况等适时进行必要的调整；三是对采用临时断面填筑与平起填筑土石坝工程，必须保证机械化的正常作业，以确保填筑工程的质量，决不能因为一味地追求临时断面的填筑量的最小化而影响机械化的正常施工。

土石坝施工技术对水利工程的发展有着重要的作用，为了提高水利工程的建设质量和作用，需要对土石坝施工技术进行加强，通过施工过程中的要点和技术操作等环节，控制好质量和细节，这样才可以使土石坝的施工符合标准，达到要求，从而发挥出更好的作用。

第五节　混凝土面板堆石坝施工技术

在我国早期最先出现的就是薄层堆石，振动碾压实的石坝施工技术，后期出现了工程量较小，施工较为简单的面板堆石坝技术，这种坝型造价低工期短，已经在国际上得到了非常广泛的应用。然而在施工过程中也出现了一些关键问题比如说施工导流。在比较窄的河床上，大部分堤坝都采用的是全年导流的方式，这样增加挡泄水建筑的费用，但是混凝土面板堆石坝在早期只需要在河床底部底座挖出一定标准的挡泄水建筑物，等到汛期坝体给予适当的堆石保护后就可以安全度过汛期。

一、混凝土面板堆石坝施工技术简介

此技术是一种将各种可利用石料逐层堆积并经过碾压做坝体支撑，利用混凝土面板防渗的施工技术。能够在很大程度上提升堆石坝整体的密实程度，而且这样做的堆石坝工程量比较小，质量上也能得到很好的保证，是近些年有所发展并且仍在应用的几种坝型之一。坝型在结构上主要分为主堆石区、次堆石区、垫层区、过渡料区、面板、防浪墙、趾板、上游铺盖等几个重要的部分，根据不同的施工环境和施工质量及时地调整各部分的工作量

以及材料结构，这样才可以高效的实现防止水流渗透作用，并且延长重复使用期限增强坝体自身的承受能力。

二、混凝土面板堆石坝主要施工技术

（一）坝基施工技术

在我们进行坝基施工时，工作人员应该事先进行好实地勘察并且记录好勘察数据，然后通过先进的科学技术对坝基施工过程中有可能出现的重点问题进行模拟，找到相对应最佳的处理方法之后才可以进行施工。工作过程中施工人员可以根据经验适当地对坝基提高填筑标准，以免在使用过程中出现类似风化等对工程的不利影响，可以适当地提高变形模量，尽量避免坝基出现下沉，实现对坝基相对比较好的变形控制。

（二）坝肩的施工技术

在整个施工期间，坝肩开挖的工程量相对来说比较大，而且施工的环境相对也是比较复杂，有些开挖的边坡高度非常高。坝肩边坡开挖尽量在截流之前就挖到河床水位高程附近，又不能让施工过程中的石渣等石料掉进河床堵塞河道。一般施工时可以在上下游两个区域同时进行施工，采用预裂爆破方法控制边坡开挖平整度。

（三）坝体填筑施工技术

在进行填筑过程时，施工人员在进行施工的时候有两个相对高效的方案可供选择，一个是利用可以自动卸料的汽车，另一个就是利用斜坡车组合的方案。如果使用自动卸料的车则相关的施工方法也比较简单，施工过程的安全性也能得到很好的保障，即使在比较宽阔的河床中施工最后也能达到先前计算中的强度。而具有移动性质的斜坡车需要我们先安装两组轨道，每一组轨道的末端都与斜坡车连接。这样安装之后当正常工作运行时，随着一端轨道重力的不断下滑，在另一端轨道上的空载车就会因为另一端车的重力被及时地拉上施工平台。

（四）测量放样

在对已经施工完成的工作面进行验收时，相关的测量人员就要根据设计图纸对一些填筑区域的边界线进行测量分析，对合格或者不合格的区域做好简单容易区分的标识。这个过程中的测量人员对部分填筑层的上游边线以及交界部分使用了吊线测量方式分别测量，并在岩坡做好标注记号为以后的放置样品奠定良好的基础。在放样施工的时候，将之前所计算好的各部分沉降量作为对照标准，提前做好沉降超出预算的预留处理。每当工程进行一段就是工程上升一层就要用设备对边线进行测量记录，然后绘制好比较科学的施工断面图，对于测量过程中每一部分的数据包括数据分析都要及时保存，为以后的使用做好准备。

（五）洒水工作

这个步骤需要施工人员对工程地点的具体环境和施工要求，选择对坝体的坝面或者坝体外部两个方面加水。为了保证施工所应用的石料都是比较湿润，而且要保证石料在施工过程中强力的震动之下所产生的缝隙能得到良好的控制，减少石料本身所产生的缝隙，提高被碾压过后的密实程度。这个过程中的施工人员需要根据经验和理论依据在不同阶段选择合适的用水量，还需要针对不同的岩石材料适当的增加洒水确保材料的软化。

（六）碾压

工作人员在进行碾压的时候，必须要沿着与坝轴平行的方向进行，并且将工作的边坡位置顺向碾压，有些部分还需要进行多次碾压以达到所需要的强度。需要注意的是，若是部分施工项目的环境不允许使用大型的碾压设施，施工人员就需要选择小型的振动碾等，并根据施工实际情况对碾压碾的使用进行科学处理。

（七）混凝土面板施工技术

以上工序完成并待沉降期结束后，施工人员就需要进行面板混凝土浇筑施工，施工人员在做好技术交底后需要对坡面进行进一步的测量，若存在问题需要及时修复，之后进行砂浆垫层处理及乳化沥青的喷施，工程人员需要做好沥青砂浆垫块施工并对相应的边缝进行止水检查。之后，施工人员需要安装相应的架立筋与面板钢筋，并及时清理坡面，安装相应的卷扬机、滑模及溜槽，一切顺利后正式浇筑混凝土并做好养护处理。最后，施工人员需要及时将卷扬机与侧模拆除，并对混凝土进行进一步检查与处理。

三、混凝土面板堆石坝施工质量控制

（一）大坝填筑碾压质量控制

根据坝体分区，坝体填筑材料可以分为以下几种：垫层料、过渡料、主堆石料、次堆石料和特殊垫层料等。不同分区在技术参数和相关指标的要求上也存在一定差异，如填料级配、渗透系数、粒径、孔隙率以及填筑厚度和碾压遍数等，在混凝土面板堆石坝施工过程中，必须严格遵循设计要求和施工标准开展作业，控制好施工质量，具体的质量控制要点如下：对于垫层料、过渡料以及主堆石料来说，采取平起施工的方式最为合适，控制好相邻填筑层之间的高差，确保其不超出碾压层厚度。在填筑施工阶段，应当按照主堆石料 - 过渡料 - 垫层料的顺序进行填筑。同时，施工人员还要采取后退法的方式对垫层料、过渡料进行卸料，采取进占法的方式对主堆石料、次堆石料进行卸料，以免出现颗粒分离现象。在平仓过程中，推土机施工要配合人工操作，并且沿着平行坝的轴线方向进行平料，防止出现不同分区填料混杂的状况。在碾压过程中，振动碾要采取直线行车往返错距法，沿着平行坝的轴线方向进行碾压，并做好碾压前的洒水工作。在混凝土面板堆石坝施工过程中，碾压施工有时会出现一些质量问题，如填筑区平起上升不同时、摊铺不均匀、碾压密实度不够、填筑过厚等，造成这些质量问题的原因是多方面的，包括施工操作缺乏规范性、施工区布置缺乏合理性、填筑区过窄、填料各项参数不达标等，施工单位必须重视碾压施工质量管理，采取合理有效的措施解决这些质量问题，以免对整体工程质量造成不利影响。

（二）趾板施工质量控制

1.趾板基础

坝体和基岩连接的关键部位就是趾板。在趾板施工过程中，加强趾板基础开挖质量控制非常必要。趾板基础施工属于隐蔽工程，一旦没有做好质量管理工作，很容易产生基础移位、尺寸不达标、超挖以及欠挖等现象，影响工程质量。因此，施工人员需要认真对待趾板基础施工，把握施工细节。在趾板基础施工阶段，如果遇到不良地基，需要根据实际情况制定合理可行的处理方案，一旦地基处理得不好，后期很容易产生混凝土裂缝问题。例如，当施工区域出现破损带、断层以及软弱夹层时，通常要利用混凝土对其进行置换；当出现超挖问题时，需要对其进行回填，回填材料使用强度较低的混凝土。

2.趾板混凝土

趾板混凝土施工涉及钢筋、模板以及止水带等多个工序，任何工序都不可马虎。严格控制趾板混凝土施工质量，以免产生钢筋露筋、止水带位置偏移、止水带变形破损、接缝处不平整等问题；加强混凝土振捣质量控制，防止出现漏振、过振现象；加强混凝土浇筑质量控制，处理好施工缝；加强混凝土养护质量控制，尽可能消除趾板混凝土裂缝；严格按照设计要求和施工工序进行模板安装，以免出现蜂窝、麻面以及连接部位变形扭曲等问题。

（三）混凝土面板施工质量控制

1.混凝土的振捣和收面

在面板混凝土浇筑过程中，应当保证振捣有序、分层清晰、不漏振和不过振。对于靠近止水处、侧膜部位的混凝土，尽可能使用小直径振捣棒；控制好振捣棒的插入深度和插入间距，确保振捣充分；振捣位置既不能紧靠模板，也不能沿着坡面伸入滑模底部，以免出现跑模和漂模现象，对钢筋的握裹效果造成影响。第一次人工木模收面需要在滑膜提升后立即进行，以免对面板的平整度造成影响。二次收面在混凝土初凝之前进行，以此减少混凝土干缩裂缝。在确定滑膜和收面平台之间的距离时，需要对混凝土初凝时间、滑膜提升速度等因素进行充分考虑。

2.滑模提升

滑膜提升速度要适应混凝土浇筑强度以及脱模时间，不能太快也不能太慢，要做到稳定、匀速提升。通常来说，1.5 ~ 2.5m/h 是较为合适的滑膜提升速度。如果滑膜提升速度过快，容易产生鼓包、流淌等问题；如果滑膜提升速度过慢，可能会拉裂混凝土表面。

3. 面板养护

混凝土面板属于大面薄壁结构，当外界环境因素，如温度、湿度等发生变化时，混凝土很容易出现收缩现象，进而导致裂缝产生。因此，要想有效减少混凝土面板裂缝现象，必须对混凝土面板及时进行有效的养护，控制好温湿度。在混凝土浇筑过程中，有时会出现恶劣天气，包括高温、暴雨、日晒以及气温大幅度变化等，导致混凝土面板的表面温度迅速降低，此时拉应力就会产生，造成面板裂缝。因此，当混凝土面板二次抹面结束后，需要利用塑料薄膜等材料对其进行覆盖，做到保温保湿。当混凝土表面能够经受人工踩踏时，还要考虑到气候因素，在混凝土上覆盖稻草、麻袋等材料，并将塑料花管设置在面板顶部，对混凝土面板进行长时间流水养护，从而降低面板裂缝出现频率。

4. 特殊天气的质量控制措施

由于面板混凝土浇筑质量在很大程度上受到环境因素影响，因此，在施工过程中必须根据实际情况，制定针对特殊天气的面板混凝土质量控制措施。在进行面板混凝土浇筑时，如果遇到暴雨天气，当坝坡面出现流水现象时，需要马上停工，使用塑料布对仓面进行覆盖，将仓内积水及时排出，以免雨水对面板造成冲蚀；如果雨量不大，且坝坡面上没有流水现象，可以继续进行施工。值得注意的是，在降雨天气进行混凝土运输时，需要使用防雨布对其进行覆盖。并且利用棉纱布对仓内两侧的止水部位进行堵塞，凿断水平方向上的乳化沥青，便于雨水向边墙垫层中渗入，以免仓面混凝土受到冲刷，影响混凝土浇筑质量。

（四）止水片施工质量控制

固定好止水片，使其在整体上形成封闭的止水带，确保止水带两侧、底部位置等严密振捣，禁止在止水片上直接倒入混凝土。在止水片施工过程中，必须确保其位置的正确性。当面板混凝土浇筑施工完成后，由于施工时间不同，一些止水片可能会因长期裸露而造成损坏，难以对其进行修复，因此对于这些止水片，施工人员应当进行重点保护。止水片是利用模具一次性压制成型的，接头数量较少，当止水片较长时，最好在工作面附近进行加工，并将托架设置在加工出口位置，以免出现止水片扭曲现象。控制好止水片焊接搭接长度，确保其在 20mm 及以上。在进行混凝土浇筑时，止水片周边的混凝土振捣质量必须进行重点控制，防止止水片底部出现水泡、气泡等现象，对止水效果造成影响。

社会经济的发展带动了水利建设事业的发展。近年来，水利工程数量越来越多，规模越来越大，人们对水利施工质量也提出了更高的要求。在水利施工阶段，混凝土面板堆石坝施工属于重要工程，其施工质量在很大程度上影响水利工程整体质量。因此，施工单位应当加强混凝土面板堆石坝施工质量控制，特别是重点部位和重要节点的施工质量，认真分析工程施工中可能出现的质量问题，并且采取有效措施进行解决，不断提高混凝土面板堆石坝施工技术水平，确保水利工程运行的安全性与可靠性。

第六节　模板工程施工技术

对于水利工程项目施工而言，模板工程技术不可替代。在工程项目施工作业的过程中，将模板工程技术应用其中，会直接增加施工的难度，而且施工过程的复杂性也十分明显，难以确保施工质量要求。在这种情况下，必须要全面增强水利工程项目的施工质量，充分利用现代化施工技术，特别是模板工程技术的使用，尽可能加快施工进度，确保工程质量。因为水利行业发展速度较快，所以同样提高了模板工程技术的应用要求。然而，在实践过程中，仍存在诸多不足之处，严重影响了工程项目的施工质量，所以，必须要科学合理地采用模板工程的施工技术。

一、模板工程概述

水利工程施工中，为了充分发挥混凝土的作用，保证混凝土施工达到工程施工设计要求，在具体施工之前，施工人员要将混凝土固定在一个建筑模板中，这项操作工艺就是模板工程技术。模板工程技术在具体应用中，可分为模板部分和支撑部分两个方面。模板部分直接与混凝土接触，在制作过程中必须从施工设计要求出发，严格按照施工设计图纸进行合理制作，以充分满足混凝土施工标准。在应用模板工程技术的过程中，对于与混凝土发生接触的部位，施工人员必须采取一定的支撑措施，以避免其发生变形，这些起到支撑作用的结构就是支撑部分。模板在支撑部分的作用下才能合理安装到正确部位，以保证其拥有足够的承载能力，为混凝土浇筑施工提供相应的外力载荷。

二、对模板材料性能的要求

第一点，水利工程施工所用的模板材料不仅要具有较高的强度，还应具有较高的刚度、较强的稳定性等特点。也就是说在一定施工载荷情况下，施工所用模板材料必须能保持形状不变，或者变形程度在可控范围之内。第二点，水利工程所用模板材料的表面必须干净、平整，在拼接过程中不能出现较大接缝。第三点，水利工程施工所用模板材料必须适应混凝土材料的特性。当工程施工中的混凝土面积较大时，施工人员要合理调整模板规格，可采用大型模板材料来达到施工要求。第四点，对于支护模板的选择，必须充分考虑模板材料的刚性，通过两侧防护的方式，达到避免受到外力影响的目的。

三、模板工程施工技术必要性

对于水利工程项目的施工而言，模板工程施工技术所包含的内容就是模板与支模等多种施工形式。其中，在施工方面，应当确保混凝土与模板直接进行接触，尽可能与混凝土以及模板尺寸大小和位置相吻合，以免出现误差情况。而支撑系统具体指的就是对模板进行支撑，同时还能够在施工作业的情况下明确模板具体的位置。与此同时，尽可能承受模板施工所带来的荷载力。然而，在水利工程项目的施工作业当中，如果模板接缝严密性不理想，则会对后期混凝土施工带来直接的影响，增加漏浆发生的概率。在这种情况下，表面的孔洞就会随之出现，严重影响水利工程项目的施工质量。

除此之外，对于水利工程项目的模板施工来说，如果支撑力度不到位，则在浇筑混凝土的情况下，会增加形变与错位等多种情况发生的概率。而在模板位置抑或是尺寸大小方面则会存在偏差，一定程度上制约了工程项目施工质量的提升，甚至还会导致工程项目坍塌，安全事故严重，造成不可估量的经济损失。由此可见，模板工程施工技术在水利工程项目的施工中发挥着不容小觑的作用，而且施工质量需要满足国内水利工程项目的施工标准。

四、模板工程内容及注意事项

（一）模板工程内容

现阶段，水利施工中的模板工程存在明显的费用问题，同时，与混凝土施工相比也同样处于落后的状态。根据混凝土工程项目的施工分析与探讨可以发现，只有对模板施工成本问题予以解决才能够进一步增强工程项目的经济效益。与此同时，还能够实现施工效率与质量的全面提升。另外，在分析模板施工结构、设备与材料，包括各项技术等内容，应当在确保节约施工材料的基础上，最大限度地提升工程项目的施工进度。其中，模板系统相对复杂，在其内部包含了诸多组成部分，且联系十分紧密。而模板则是组成部分中最为关键的一部分。而对于水利工程水电模板施工技术的相关性研究与分析可以发现，模板系统的长久性特征并不理想，而且模板和浇筑混凝土属于配对的关系。也就是说，如果要想实现混凝土成型的目标，就一定要有模板作用支撑，而模板表面的质量以及类型，甚至是尺寸大小等因素都直接关系混凝土整体的质量。

（二）模板工程安装施工注意的事项

第一点，模板设计人员在进行截面尺寸及位置设计的过程中，必须严格遵照相关标准，以有效保证模板尺寸和位置的准确性与合理性。第二点，在混凝土浇筑施工前，施工人员还应保证模板工程内部清洁、干净，不能存在泥土和垃圾等杂物。第三点，模板安装过程中，不同位置的安装要求也存在一定差异。对于基土位置的模板安装，一定要确保基土拥有足够的坚实程度，并要加垫相应的支撑板，以充分保证模板接缝部位不会产生漏浆问题。如果模板安装位置存在一定的预埋件设备，在实际安装过程中，施工人员更要保证安装的牢固性，不能产生松懈问题，同时还应保证预埋件所选位置的正确性。第四点，对于下雪、降雨等特殊天气条件下的模板安装施工，施工人员一定要设置相应的排水设施，以免出现雨水堆积现象。

五、模板工程施工质量控制

（一）原材料质量控制

在施工所用水泥进入施工现场时，要对其出厂合格证严格检查，对其品质试验报告进行认真排查，使用单位在重复检验并合格后才能允许进场。在对水泥进行摆放时，要查明水泥的品牌强度等级，并按照出厂批号进行整齐堆砌，不允许将不同规格的水泥混合堆放。聚合物水泥砂浆类材料因其众多优势被广泛应用于水工混凝土建筑物修补工程中，其具有较高的防腐性、较好的防渗性、较强的防冻性等特点，不但能够降低施工成本，而且能够提高施工效率和质量。

（二）模板安装支护质量控制

模板安装支护对混凝土浇筑以及水利工程的稳定性有着重要的影响，应按照规定的要求和标准开展施工作业，保证模板之间连接的牢固性，对节点处的扣件连接进行抽样检测，检测数量为总扣件的 10% 左右，其中检测的合格率应超过 10%，如果不能满足这一要求，则需要全满检查扣件连接的质量，确保水利工程的施工质量。

六、模板工程施工技术的应用

（一）模板工程施工技术之钢筋材料质量检验的应用

在该项水利工程项目的施工过程中，有效地应用了模板工程施工技术。其中，钢筋材料在工程施工质量方面发挥着极大的作用，同时，钢筋材料应用技术同样是模板工程施工技术应用方面关键的技术形式，因而对于施工全过程的作用是不容小觑的。在这种情况下，模板工程施工技术的应用，需要施工工作人员在钢筋材料进入施工现场以前，深入地了解并全面检验材料所具备的合格证书。与此同时，检验的时候，工作人员还应当在钢筋材料中提取检验，在结果与水利工程项目施工标准要求相吻合的情况下才能够确定开展模板工程的技术施工。然而，一旦存在质量不过关的施工材料，则要同厂家协商，进而将模板施工停止。这样一来，模板工程施工技术在水利施工中的应用质量就可以不断提升，同时也为水利工程整体施工质量提供了有力的保障。

（二）模板工程施工技术之钢筋连接的应用

钢筋连接也是水利施工模板工程施工技术的主要应用途径，而且对施工的开展具有不可替代的作用。其中，对于钢筋的连接，通常可以划分成机械连接形式、焊接形式与绑扎搭接形式。在实际连接的过程中，一定要深入了解各方式与方法，积极地针对拟过出具有针对性的实施规划。基于此，模板工程施工技术实际应用的过程中，施工工作人员同样需要高度重视机械连接类型以及焊接的类型，甚至是接头质量也要给予一定的重视。而且在完成施工作业以后，施工工作人员需要开展全面且严格地检查，尽可能确保模板工程施工技术的施工质量。除此之外，连接钢筋接头的时候，需要将接头设置于受力不大的位置，以保证巩固效果的增强，使得钢筋连接更加稳定与可靠。基于此，模板工程施工技术应用的过程中，施工工作人员最好不要再某一根钢筋上设置过多的接头，尽可能提高模板施工技术使用的质量，为后期施工作业奠定坚实的基础。

（三）模板工程施工技术之混凝土施工的应用

现阶段，水利工程项目的建设速度随之加快，并且开始运用多种新技术与施工材料。而混凝土施工技术也是模板工程技术应用的重要形式之一，对于工程项目的施工十分重要。所以，为了进一步增强模板施工技术的应用效果，与社会经济发展需求相适应，要高度重视混凝土施工技术的作用，以保证充分发挥施工材料的优势。其中，对现代化学物质与添加剂的使用，一定程度上增强了巩固施工质量效果。而混凝土凝固过程中，运用全新技术在减少凝固时间的同时，还能够降低变形的概率，进而为后期施工提供必要的条件。

另外，模板工程施工技术应用过程中，混凝土技术也是其中不可缺少的部分，特别是灌浆技术，能够使模板施工质量不断提高。然而，在灌浆施工技术应用方面，因材料粘性明显，所以，施工工作人员必须要深入了解裂缝宽度，通过"可壁"方式，使得橡胶管道收缩压力充分发挥，以促进混凝土灌浆施工作业正常开展，实现混凝土施工质量的提高。除此之外，施工工作人员对自然呼吸方式予以合理地运用，以免灌浆内部存在空气而对混凝土灌浆施工技术的应用带来不利影响。

（四）模板工程施工技术之模板拆除的应用

水利工程项目施工中，模板工程施工技术的应用也更加广泛，对于水利施工十分重要。在水利工程施工技术发展的过程中，特别是模板施工技术，一定要保证模板拆除与支架的堆放是分开的，同时要及时开展清理工作。而在拆除的时候，则应当充分考虑施工作业实际情况，将模板拆除并进行连接作业，尽可能规避大面积掉落情况的出现，降低经济损失。基于此，水利工程模板拆除的时候，需要及时清理拆除部位，注重其维护工作的开展，进一步增强模板施工技术应用质量，为水利事业的可持续发展奠定坚实的基础。

总之，模板工程技术的应用，对促进水利工程施工正常进行、提高水利工程整体质量等方面具有十分重要的意义。水利工程施工人员必须充分了解模板工程的概况，有效把握水利工程施工中模板工程材料的相关要求，高度重视水利工程中模板安装施工需要注意的事项，熟练掌握模板工程技术在水利工程施工中的具体应用，从而全面促进水利工程施工的顺利、快速进行。

第七节　钢筋工程施工技术

一、钢筋在不同结构位置的作用

钢筋在混凝土结构中占有重要的比重，因此钢筋在不同的建筑位置中占有的比重是不同的：

（一）板中的钢筋

1.纵向受力钢筋

板在竖向荷载下会变弯，下部受拉，上部受压。纵向受力钢筋配在板的下部，承受有变弯矩引起的拉力，又称受拉主筋。对于雨篷板、阳台板等悬壁板，在竖向负载下上部受拉，下不受压，纵向受力钢筋应配在板上部，施工中防止踩到、移位。

2.负弯矩筋

在竖向负载下板的支座处出现上部局部受拉区段。负筋的作用是防止支座处上部受拉混凝土开裂。

（二）梁中的钢筋

1.纵向受力钢筋

沿梁的下部纵向布置，承接拉力。对于悬臂梁，纵向受力钢筋在上部。

2.弯起钢筋

一部分纵向受力钢筋向上弯起，其斜段承受梁中因剪力引起的拉伸。弯折角度一般为45度。

3.架立钢筋

沿梁上部纵向布置，可将箍筋及受力钢筋联结成骨架，在施工中保持各自的正确位置。

4.各种构造钢筋

这类钢筋用得少，出现在不同类型的梁中，如腰筋、鸭筋等。

（三）柱中钢筋

1.受力钢筋

沿柱全高布置。在柱承受轴向压力或偏心压力等不同情况下，受力钢筋受拉或受压。

2. 箍筋

在柱中承受剪力，并将受力筋连接成骨架。

（四）墙中的钢筋

剪力墙中布置纵横双向钢筋网。当墙厚较小时布置≥200mm 的墙，位于山墙及第一道内横墙、电梯间墙、高层建筑中围边有梁、柱的剪力墙，常配制双层钢筋网。

二、钢筋加工注意事项

钢筋加工是对施工项目的钢筋进行调直、除锈、切断等工作。

（一）钢筋调直是不可缺少的工序

保证钢筋平直，无局部曲折。遇有影响钢筋质量的弯曲部分应当切除，缓弯部分可用冷拉方法调直，1 级钢筋的冷拉率 ≤ 4%。粗钢筋还可以采用垂直、板直的方法。并且冷拔低碳钢筋丝经调直表面不得有明显擦伤，抗拉要求不得低于设计要求。

（二）钢筋的表面要处理干净

钢筋的表面要保持清洁、油渍、污渍以及钢筋表面的铁锈、浮皮等应该在钢筋使用前清除干净。除锈工作要在钢筋的冷拉过程中进行，因为这样比较经济。同时要在常温中进行钢筋的加工，不得对钢筋进行加热以免破坏钢筋的材质。

（三）对于钢筋的下脚料要正确切断

对于钢筋的使用虽然在大体上容易把握，但是下脚料的使用在钢筋的使用中也占有很大的比重，因此对于大量的钢筋要使用机械进行切断，一般情况下是先根据使用的长短进行科学搭配，先断长料在断短料，减少损耗。

（四）钢筋弯曲定型

钢筋下料之后，按弯曲设备的特点进行画线等作业，以便准确地把钢筋加工成规定的包装尺寸，对于复杂的样本我们可以先放实样，然后弯曲。以便减少因为失误造成的浪费。钢筋加工的允许偏差要严格执行 GB50204—2002D 的规定以及《2006 建筑工程施工工艺标准》的规定。

三、钢筋的绑扎与安装

钢筋绑扎前先认真熟悉图纸，检查配料表与图纸、设计是否有出入，仔细检查成品尺寸、心头是否与下料表相符。核对无误后方可进行绑扎。

（一）钢筋的捆绑一定按照施工的图纸进行

钢筋要按照一定的要求切断、弯曲成形之后，进行钢筋的捆绑，从节约成本以及安全的角度考虑，要采取焊接的方式进行，但是如果遇到大型的施工项目，钢筋材料的增多很难用焊接的方式，因此在施工现场目前主要采用的还主要是捆绑。

（二）钢筋捆绑的材料应该选用镀锌铁丝

对于不同的钢筋数量要选用不同的镀锌铁丝种类，比如在钢筋直径 12mm 以下的要选用 22 号铁丝，而且铁丝的长度也要足够保持铁丝钩拧 2 到 3 圈以后，铁丝头还要保留 10mm。

（三）绑扎的注意事项

首先绑扎与墙的关系。板与墙内的钢筋网，在外围两行的交叉点要全部绑扎，中间的部分可以相隔交错扎牢，但是必须要保持钢筋不移位。双向受力的钢筋必须扎牢。其次梁与板的处理。①纵向受力钢筋出现双层或多层排列时，两排钢筋之间应垫以直径 15mm 的短钢筋，如纵向钢筋直径大于 25mm 时，短钢筋直径规格与纵向钢筋相同规格。箍筋的接头应交错设置，并与两根架立筋绑扎，悬臂挑梁则箍筋接头在下，其余做法与柱相同。梁主筋外角处与箍筋应满扎，其余可梅花点绑扎。②板的钢筋网绑扎与基础相同，双向板钢筋交叉点应满绑。应注意板上部的负钢筋（面加筋）要防止被踩下；特别是雨篷、挑檐、阳台等悬臂板，要严格控制负筋位置及高度。③板、次梁与主梁交叉处，板的钢筋在上，次梁的钢筋在中层，主梁的钢筋在下，当有圈梁或垫梁时，主梁钢筋在上。④楼板钢筋的弯起点，如加工厂（场）在加工没有起弯时，设计图纸又无特殊注明的，可按以下规定弯起钢筋，板的边跨支座按跨度 1/10L 为弯起点。板的中跨及连续多跨可按支座中线 1/6L 为弯起点。⑤框架梁节点处钢筋穿插十分稠密时，应注意梁顶面主筋间的净间距要留有 30mm，以利灌筑混凝土之需要。

四、钢筋工程施工质量

（一）钢筋工程施工质量要求

1. 原材料的检验

进入施工现场的钢筋，先核对入场各类钢筋规格的数量清单、规格型号、质量证明文件是否齐全，检查钢筋的外观是否平直、有无损伤，钢筋表面不得有裂纹。根据进场钢筋型号、批次及数量抽取试样送法定的检测机构进行机械力学性能检测，检测合格后方可使用。

2. 钢筋的安装

钢筋安装前，应根据施工图纸检查钢筋配料表，核对成品钢筋的钢种、直径、形状、尺寸和数量，如有不符应先进行整改。形式结构复杂部分绑扎前，应按图纸排好钢筋穿插的顺序，以减少安装困难。梁板、基础筏板等钢筋网的安装，四周两行钢筋的交叉点应每点绑扎牢固，中间部分钢筋相交铁丝扣要成八字形扎牢，以防止钢筋网片变形。

（1）墙、柱钢筋的安装

钢筋安装前应先纠正原来留出的钢筋，用钢丝刷清除钢筋端头的水泥浆及其他脏物等，安装前应搭设操作台，操作台高度和宽度应满足绑扎钢筋操作要求，操作台应搭设平稳，便于在平面上操作。绑扎时严格控制垂直度，墙、柱头钢筋应顺直，间距均匀，钢筋端头有弯钩的要回直或切除，上部钢筋应扶直扶稳，套箍筋时，由下往上控制垂直度，发现有偏差应回正加固后再往上扎钢筋。钢筋采用两根 22 # 铁丝绑扎，每点主筋与主筋交叉点均应绑扎，为抗震需要，墙、柱钢筋除应安装保护层垫块外，应将墙、柱楼面处的箍筋与水平筋采用点焊固定。不准在已绑好的垂直钢筋梯子上下和踩在上面操作。因此，墙、柱中各种钢筋的绑扎应严格按照规范的要求，主要应注意以下几点：

1）柱纵向受力钢筋的直径，不宜小于 12mm，其净距不应小于 50mm；

2）柱箍筋应做成封闭式，其间距不应大于 400mm，也不大于构件横向的短边尺寸且不应大于 15d。

3）柱纵向钢筋绑扎接头范围内，箍筋的间距应加密，纵筋受拉时为 5 d，受压时为 10d（d 为受力钢筋中的最小直径），且分别不大于 100mm 和 200mm。

4）墙、柱纵向钢筋的连接采用电渣压力焊或机械连接接头，接头应设置在柱的弯矩较小区段，钢筋直径大于 22 的必须用机械连接接头。

（2）梁、板钢筋安装

梁、板钢筋安装应先安装框架钢筋，然后安装次梁钢筋。梁筋锚入柱或墙内的长度不小于设计及规范要求，安装时应在梁边。设 0.5m 高临时活动凳子，将钢筋慢慢放入梁模内，绑扎采用 22 # 铁丝逐点绑扎。板筋绑扎首先应先校验楼板标高，其程序如下：弹钢筋位置线、绑扎板底层钢筋、安放垫块、设专业管线、安放马蹄铁、标识板上层钢筋网间距。采用 22 # 铁丝梅花形绑扎，采用一面顺扣绑扎，每个绑扎点过铅丝扣要求变换 90°，若楼板钢筋直径较小时，可加设马凳筋，间距为 600mm，这样绑扎出的钢筋网，整体性好，不易发生歪斜变形。因此，在梁板钢筋绑扎过程中，我认为应注意以下几点：

1）板中受力钢筋，一般距墙边或梁边 50mm 开始搁置，板中弯起钢筋的弯起角不宜小于 30°；

2）分布钢筋一般用在墙、板中，主要是为了使下面的受力钢筋均匀传递，抵抗混凝土收缩、温度变化产生的拉力作用，分布钢筋的间距不宜大于 250mm，直径不宜小于 6mm；

3）钢筋接头位置，同一截面区域范围内搭接接头不超过25%，焊接接头不超过50%，受压区均不超过50%；

4）保层垫块要垫好，受力钢筋的砼保护层厚度应符合设计要求，梁筋有二排筋应用直径25的钢筋作垫筋，以确保两排钢筋间的间距。

（3）承台、基础筏板钢筋绑扎

承台及底板钢筋运到底板作业面，按放样线铺放钢筋，底板下层钢筋接头位置在跨中，上层钢筋接头位置在支柱，搭接长度满足设计及规范要求，接头错开50%。

3. 钢筋的保护

（1）柱钢筋的保护

钢筋安装完毕后应保护好，为使它在浇筑过程中不位移，不变形，柱筋在浇筑混凝土前，用木板临时固定于楼面模板上或柱板顶上。在浇筑混凝土时，应派专人护筋，对变形偏位钢筋及时整改，以便下道工序的正常进行。

（2）梁、板钢筋的保护

楼板钢筋安装完后，应立即搭设人行马道，以防下道工序施工踩踏梁板钢筋，使梁板钢筋变形及位移。楼板混凝土浇捣过程中，要安排专职钢筋工值班，及时修复位移和变形的钢筋，以确保钢筋间距、位置、保护层厚度等始终符合设计及规范要求。不要在梁板钢筋上面放重物，特别对于雨篷、阳台等悬挑钢筋，一旦被踩在下边，就会出现质量事故，严重的会发生折断，影响工程质量。

（二）钢筋工程施工质量问题及解决措施

1. 钢筋工程施工过程中常遇到的问题及其应采取的措施

（1）钢筋错位偏差问题

钢筋错位偏差包括板类构件、梁、柱等，最常见的是板上部的配筋下移或错放至下部，主筋保护层过大，梁的负弯矩钢筋下移错位，这些都严重影响了结构的承载能力。钢筋的错位可以分成两种：一种是一般性错位，小柱纵筋错位不大于40mm，同时不超过短边柱宽的10%；另一种是严重性错位，小柱纵筋错位大于40mm，同时又大于短边柱的10%。下面从工地上碰到的情况对这一问题进行探讨。

1）柱钢筋的错位柱钢筋产生错位的原因很多，主要有以下几种；

①混凝土的重力。有些泥水工将混凝土直接倒入柱内，这样就砸弯了钢筋，使钢筋产生了错位。因此，在浇混凝土前，柱筋上部应用木板临时固定于楼面模板或柱板顶上，且在浇混凝土时，一定要避免混凝土冲击钢筋，以免造成柱内钢筋的错位偏移，保证工程质量。

②钢筋绑扎不牢固。有些钢筋工认为这些工序不重要，在绑扎过程中没有绑扎牢固，有些地方甚至不绑，这些都严重影响了柱钢筋的整体性。

③混凝土的浇捣。当用机械振捣混凝土时，有的人由于担心混凝土露筋，或追求混凝土的外观质量，而将振捣棒插入钢筋骨架振钢筋或将振捣棒压在模板上振模板，使混凝土中的骨料挤压柱筋造成错位，这种做法是错误的。因为钢筋在高频率振动下，容易产生绑扣松动，位移或变形，这样就影响钢筋在混凝土中的正常受力状态，更严重的是这种对钢筋的振动，钢筋周围的混凝土颗粒产生位移，这种位移是不可恢复的塑性变形。而且其振动会使钢筋与混凝土之间形成间隙，甚至还会造成钢筋保护层的剥落，降低了钢筋在混凝土内的握裹力，影响了工程质量。

2）梁板钢筋的错位。梁板钢筋的错位主要是对已绑扎好的钢筋没有采取保护措施，在进行下一道工序时，任由人在其上面行走，还有的是在其上面堆放重物，使得板面筋下沉，另一种原因是在板底筋下面没有设垫块等，这些都严重影响了构件的承载力。

倘若在施工中已经造成钢筋错位后，应采取相应的处理措施，在工地上最常用的处理方法是用弯粗钢筋的工具扳手将钢筋急弯到位，然而这种方法只对于那些一般性错位才起得到效果，而对于那些严重性错位的钢筋则起不到效果，况且，规范规定的比例只允许在梁柱接头的1/6，而实际这样弯的比例往往会达到1：0.5的超常比例，这样也会影响工程的质量。因此，对于那些严重性错位的柱筋应按施工质量事故进行处理。

（2）框架结构节点处理

在板柱节点处，为提高其强度，可配置箍筋或弯起钢筋，箍筋应配置在柱边以外不小于1.5h。由于梁柱节点部位的柱箍筋的放置比较困难，施工当中经常采取不放或少放等的做法，这就会使柱顶周围产生水平裂缝、交叉裂缝，严重时会使混凝土被压碎而崩落，上部梁板倾斜，柱内纵向钢筋弯成灯笼形等，严重影响了钢筋混凝土的质量问题，影响了工程的质量，产生这种情况是由于节点处的弯矩、剪力、轴向力都比较大而引起的。因此，对于梁柱节点处箍筋的应加密，可增强对混凝土的约束作用，对防止钢筋压屈、柱顶混凝土剥落都是很有必要的，因此，在施工过程中梁柱节点处的箍筋必须严格按照设计要求放置，重视其重要性，保证工程质量。

（3）框架结构双层筋的施工

在施工中，工地上经常出现施工员对于那些双排钢筋采用绑扎在一起的措施，忽略了上下层钢筋的位置要求要满足净距不小于25mm，且不小于钢筋直径。还会出现梁的上下层钢筋搁置颠倒，这就降低了主体框架结构的承载能力以及强度问题。因此，对于双排钢筋的放置，可采用短钢筋垫在中间，确保钢筋位置准确。

（4）钢筋露筋问题

钢筋露筋的原因是垫块未垫好，导致钢筋紧贴模板，保护层厚度不够所造成；或是混凝土振捣不密实或模板湿润不够，蜂窝、吸水过多造成掉角而露筋。露筋影响钢筋跟混凝土的粘着力，导致钢筋容易生锈，影响钢筋砼构件抗裂度和耐久性。因此，应采取预防措施：

1）砂浆垫块应垫得适量、可靠，垫块必须在钢筋入模前放置，钢筋入模后再调整垫块的位置，垫块按梅花形放置，间距不大于 500mm，以控制好钢筋的混凝土保护层厚度；

2）安装钢筋骨架时要严格控制外形尺寸，不得超过规范偏差。

（三）钢筋工程施工过程的注意点

钢筋主筋位移、搭接长度不足或焊接接头不符合规范要求、节点构造不按规范施工均会影响钢筋结构的质量，因此，应加以防治，注意以下几点：

1.对于那些刚进场的钢筋应进行质量检查，如要有产品的合格证明，并经抽样检验合格后，方可进场，保证钢筋必须符合配料单的规格尺寸、形状、数量等，应尽量避免那些不合格钢筋进场，保证工程质量。

2.钢筋工应全面熟悉图纸，严格按照设计图纸进行施工，特别是安装钢筋这一工序要认真对待，不要出现漏筋、少筋现象。施工员应对工地加强管理，认真指挥现场操作人员的正确操作，避免出现那些不该出现的问题，保证工程的顺利进行。

3.各种钢筋应成型准确，主要是箍筋的成型。箍筋与模板之间应用垫块垫上，确保钢筋的混凝土保护层厚度，且箍筋绑扎应牢固，防止在浇筑混凝土时，钢筋松动变形现象，保证其整体性。因此对绑扎好的钢筋，应派专人看管钢筋，发现变形钢筋应及时调正，保证其承载力。

4.钢筋绑扎搭接长度，应严格按照规范中的规定，钢筋焊接按不同的施焊方法应由专业人员进行操作，保证各种焊接方法都符合质量要求。

5.钢筋每安装完成一个阶段，在浇混凝土前，应经有关部门验收，符合要求方可隐蔽，否则不得进入下道工序施工。

6.控制好钢筋保护层的厚度，按图纸要求确定各阶段各分项垫块厚度，对易造成移位的墙、柱钢筋，在墙体预留竖向梯子筋，间距为 1200mm。

本节所涉及的只是钢筋工程质量中基本的施工知识，是对钢筋工程施工质量的一些探析，也是钢筋工程施工质量保证的基本做法。综上所述，钢筋工程施工质量的好坏，关系到整个工程的质量，也关系到企业的社会信誉与发展。因此，必须高度重视钢筋工程质量的施工，确保质量第一。

第八节　混凝土工程施工技术

混凝土施工技术是我国水利水电工程施工中重要的施工技术，因此在针对施工过程中混凝土技术的管理是非常重要的。无论是在工程设计的过程中还是在检验中，都需要加强重视。

一、混凝土施工技术的必要性

（一）混凝土施工技术

混凝土施工技术是建筑工程中非常常见的施工技术，其主要的优点就是稳定性，在施工过程中利用混凝土施工技术能够确保施工建筑的整体质量。混凝土技术就是利用混凝土来进行施工，并在施工中将钢筋作为施工建筑的结构框架，两者相互作用就能够达到非常完美的结构状态，也能够确保建筑物在后期的工程进展。在建筑工程中使用混凝土施工技术，重要的环节就能够按照正确的比例进行配置混凝土，因为混凝土中的材料种类比较多，其中的任何一样出现超标的情况，都会直接影响混凝土的成分，分配混凝土比例的工作也是十分重要的。为了能够促进水利工程的建设发展，混凝土施工技术需要加大重视力度，才能够真正地发挥其重要的作用。

（二）混凝土施工技术在水利水电施工中的必要性

水利水电工程在施工的过程中，就是利用混凝土施工技术的特殊性，来完善水坝的坚固程度，因此混凝土施工技术在水利水电施工中非常必要的。因为混凝土施工中，利用水泥、砂石等的基本特性，并加以钢筋做结构框架，让建筑的实体更加的稳定和坚固，这也是水利水电工程所需要的。水利水电工程在建设过程中的范围和面积都非常的大，为了能够确保水坝的牢固性就需要利用混凝土的特性，为了避免在施工中出现分层的情况，还需要注意的是混凝土在运输过程中的保护。

二、混凝土施工技术的使用

（一）混凝土在水闸中的施工技术

在水利水电施工中，水闸建设是非常重要的环节和工作。若是水闸出现质量问题，就会直接影响水利水电工程的整体建设及后期使用。水闸的建设方式有两种，涵洞式和开敞式。若是场地比较空旷宽敞就可以利用开敞式的水闸建设；若是水利水电工程建设在比较狭窄的山间，则需要使用涵洞式，这样不仅节省空间还能够充分的发挥水利水电建筑的作用。在利用混凝土技术需要注意的以下两点：①准备浇筑水闸底板时，必须利用混凝土在最底层进行铺垫，这样的设计既能够稳定整体的结构，还能够防止水闸建筑下沉；②混凝土浇筑应该加大控制的力度，注意底板的面积。若是水闸底板的范围比较大，就需要加强混凝土的整体强度，以此确保底基的坚固性。

（二）大坝建设中分缝分块施工技术

在水利水电工程中大坝的建设都是经过多个阶段才完成的，包含了很多混凝土施工技术，分缝分块技术就是其中一种。它能够加快建设施工的速度，提高施工的效率。分缝分块施工技术是指，在混凝土浇灌中必须根据施工现场的钢筋结构方向进行，顺应相同的方向和高度，错缝浇灌的好处就是浇筑的水泥块比较小，不用考虑浇筑时候的温度，只要控制好水量就行。还有一种浇灌方式是通仓分块浇筑方式，这样的浇筑方式一般用于面积比较大、长度长的水坝建筑。在通仓分块浇筑的施工中，机械设备的使用率非常高，施工的整体速度非常快，不容易受到外界环境的干扰。分缝分块的浇筑方式是一种能够快速提高施工效率和时间的施工方式，受到了施工单位的青睐，在掌控好混凝土比例搭配的基础上，能够提前完成施工的任务。

（三）大坝建设中接缝灌浆施工技术

在水利水电工程施工中，接缝灌浆施工技术是非常重要而且隐蔽的工作，对施工的技术和工艺的要求都非常高。而且在接缝灌浆施工过程中，工作人员应该时刻的遵守接缝的顺序，就是想要对横向接缝进行灌浆，在对纵向接缝进行灌浆，这样才能够确保施工后水坝的完整性。

三、混凝土工程施工工艺技术

（一）选购优质混凝土原材料

混凝土原材料的合理选购，其实是水利水电工程建设中非常重要的一部分，其对后续混凝土的应用有很大影响。但由于市场竞争的存在、施工单位利益的追求等多种原因的影响，使得一些施工单位对混凝土原材料的质量并没有非常严格的要求，选用并不是非常好的混凝土原材料，而由此制成的混凝土的强度不佳、密度不够，直接影响工程质量。所以，要想保证水利水电工程施工质量达标，必须从混凝土原材料选购抓起，选择最优质的、最适合的混凝土原材料，为后续高质量的施工做铺垫。

（二）科学设置混凝土配比和模板控制

除了混凝土原材料可以使混凝土存在质量问题之外，混凝土配比不合理，同样会引发混凝土质量问题。所以，科学、合理的设置混凝土同样是非常必要的。而要想实现这一目的，则需要在设置混凝土配比时注意以下几点：

其一，选用工程建设需要的等级水泥，如此在合理设置混凝土配比，可以提升混凝土的强度。

其二，结合施工要求，明确混凝土强度要求，由此出发合理配置混凝土原材料的配比。

其三，注意控制混凝土膨胀剂的用量，避免用量过多或过少，影响混凝土作用的发挥。

加强混凝土模板控制，使其可以有效应用是提高水利水电混凝土工程坚固性、稳定性的有效措施。确保混凝土模板得到有效控制，则要重点控制混凝土模板的压制，即在混凝土模板牙之前详细检查模板的宽度及高度，再结合施工要求的高度和宽度来合理压制模板。而在模板拆模时，则主要观察模板是否定型完好，如若定型完好则可以缓慢的拆卸定板。

（三）合理混凝土的拌制

混凝土拌制施工工艺中需要严格的控制各个施工步骤，如若控制不当很容易导致混凝土质量不佳、混凝土强度不够、混凝土密度不符。混凝土拌制施工中，拌制力度、拌制时间、拌制顺序、水的用量、添加剂的应用等均可能影响混凝土搅拌效果。所以，在进行混凝土拌制之前，施工人员需要清晰明了的掌握混凝土拌制的力度、拌制的时间、拌制顺序，进而按照要求有序地进行混凝土拌制，并且要根据混凝土拌制效果和混凝土拌制时间，在适当的时候按照比例加入原材料，再继续进行混凝土拌制，直到混凝土拌制效果达到施工标准。

（四）规范进行混凝土运输

混凝土在运输的过程中容易因运输车辆颠簸等因素的影响，致使混凝土骨料分离、砂浆损失等情况发生，如此将大大降低混凝土质量，促使混凝土应用性不佳。为了混凝土施工工艺技术受到混凝土运输的影响，在对混凝土进行运输的过程中应当根据运输次数和运输时间来合理设置运输手段，如在运输混凝土过程中适当搅拌；在运输混凝土过程中来回进行倾倒等。当然，运输司机还要注意尽量保证运输车辆平稳，最大限度地保持车速平稳。总之，在混凝土运输的过程中一定要对混凝土控制，避免其受到车辆颠簸、温度等因素的影响，使其质量降低。

（五）加强混凝土浇筑

水利水电混凝土工程施工工艺技术应用过程中，混凝土浇筑是非常重要的环节之一，其在一定程度上决定工程质量。为了保证工程质量完好，在混凝土浇筑工艺施工中，一定要做好以下几点。

其一，选用适合的施工机械。规范、合理的开展混凝土浇筑施工，要求选择适合功率的混凝土泵和浇筑机械，如此两者合理配置应用，才能提高混凝土浇筑质量。因此，在选择机械设备时，根据相关规范性文件的要求，对机械设备的功率、功能、性能等方面进行检查和试用，进而选择最为适合的机械设备。

其二，规范合理进行混凝土浇筑。根据实际情况及具体项目位置，选择适合的浇筑方式来进行浇筑施工。如在对工程横截面进行浇筑，则是利用混凝土泵来推送混凝土，将浇注机 45° 角对准浇筑位置，连续性、缓慢地进行浇筑施工。

（六）有效养护混凝土

混凝土养护不善很容易出现裂缝等情况，而此种情况的出现不仅会降低水利水电工程质量，还可能在工程后续使用中引发渗漏等情况，致使工程使用寿命缩短。因此，加强混凝土养护至关重要。对于混凝土养护，需要注意的工作内容是：

其一，合理运用天然保护方法。在混凝土浇筑完成后，应当对混凝土进行天然保护，利用保鲜膜等物质来保护混凝土表面，避免其受到阳光暴晒，致使混凝土裂缝。

其二，适当的洒水养护，在混凝土固化的过程中，适当的洒水养护是保证混凝土表面的持水能力较好，保证混凝土缓慢固化，如此可以有效避免混凝土裂缝。

四、混凝土施工的问题

（一）施工问题

水电工程的施工项目规模相对较大，因此在实际施工中有较多关键点，特别是混凝土施工环节。从某种角度来讲，混凝土质量能够直接影响到施工技术和工艺，而混凝土的施工质量可直接影响到水电工程施工质量，所以要严格控制混凝土施工质量，本节针对混凝土施工的问题，进行了相关探讨。

1. 施工工艺存在的问题

在施工建设的过程中，常会碰到狭窄的混凝土施工作业面问题，同时由于受到施工人员的影响，会产生较多的施工质量问题，因其不了解混凝土的质量要素及性质，所以不能准确控制好工程质量。而且由于施工人员的技术水平无法达到相应的要求和标准，因此不可对新材料以及新技术进行采用。如为保障混凝土质量，需添加一些外加剂到混凝土中，但由于施工人员没有掌握一定的施工技术，因此无法有效地控制混凝土质量。

另外，混凝土施工中，如施工人员没有控制好施工时间，也会导致质量问题的产生。如间断施工会致使表面病害，从而出现麻面及裂缝的情况，特别是形成的施工裂缝，会直接影响到整体的水电工程的使用寿命。

2. 施工管理问题

对施工质量进行控制的一种有效方式即施工管理，从实际的施工情形来看，因管理不到位产生了较多的施工问题，混凝土施工也同样如此，如施工管理不够严格，会对混凝土的施工质量产生极大的影响。

但在较多的施工场地，基本上是让施工人员自由地进行混凝土施工，而相关部门安排的专人并不重视对其监督和管理，在这种情况下只能够监管到工程项目的进度，而无法及时发现混凝土施工存在的问题，更无法及时排除隐患。

另外，很多管理人员，只对工程重要的部分进行监管，而忽视细节，从而出现了较多的施工质量问题。

（二）生产问题

1. 原材料问题

水、水泥、多种外加剂和骨料等材料组成了混凝土，而混凝土原料选择时有较多的问题存在。

（1）小规模厂家所生产水泥的安定性以及抗压强度可能不符合相关的标准。此外，由于单位在储存水泥时没有采取相应的防水措施，致使水泥出现受潮的情况，除造成浪费外，还会对混凝土的施工质量产生影响。

（2）在选择骨料时，施工单位没有严格地控制骨料的含水量及颗粒大小，致使骨料难以达到相应的拌制要求。

（3）在水电工程中，一般在拌制混凝土的过程中要加入外加剂，但很多施工人员在添加时因没有严格控制好外加剂的剂量，致使混凝土产生质量问题。

2. 拌制问题

水电工程基本上都建设在偏远地区，因经济条件不足会应用较为落后的混凝土搅拌机，难以保障搅拌的效果。同时在拌制混凝土时，一些单位为了赶进度，拌制时间较短，未能均匀地搅拌，从而无法保障混凝土的强度。此外，如相关人员在拌制时没有控制好用水量，不能严格地把握水灰比，就会增加混凝土砂率以及混凝土用水量，致使混凝土产生质量问题。

五、提高混凝土施工技术的措施

（一）加强施工设计

水利水电施工过程中需要拥有合理科学的施工设计，这也是施工中重要的环节，只有合理的设计才能够确保整体水利水电工程的顺利进行。在加强施工设计的过程中需要注意以下内容：①需要相应施工设计人员了解水利水电施工设计的重要性和相关理论，确保在施工的过程中能够按照科学的路线进行设计，确保施工位置能够符合地理位置的要求；②在设计的过程中，需要注意水利水电的施工不与周围的环境出现冲突，避免在日后使用中出现改动；③因为水利水电施工设计是水利水电工程重要的内容，相应的设计院应该对实地进行调查，确保施工的过程中不出现重复修改的情况。

（二）建立质量控制体系并保证体系正常运转

为了有效地控制混凝土中施工质量，应在正式施工前，设立相关质量管理部门，专门管理混凝土的施工过程。同时，在实际的施工中，应建立起质量管理体系，并在实践中不断地完善，将每个岗位和每个部门的职责落实到位。之后，安排相关人员针对混凝土质量控制的重点及难点进行质量攻关活动，全方位地监管工程的事前、事中、事后。

（三）重视施工环节管理

在水利水电施工过程中，需要针对混凝土施工技术环节严格的把守，才能够保证水利水电正常施工。在水利水电施工环节过程中需要注意以下几点：①管理人员应该注重施工地点人员的管理，在施工人员上岗之前需要有相关的技术证明，做到技术达标，才能够让施工顺利进行；②需要重视混凝土的材料管理，确保使用的混凝土材料都能够达到施工的标准，并对混凝土的比例配比进行严格的控制，避免因为配比不当导致的质量问题；③严格管理混凝土的灌浆过程，注重管理灌浆的质量和分量，注意灌浆过程中的时间限定，确定过程中不与钢筋结构出现冲突。

（四）改善混凝土施工的施工工艺

在施工时，应同水电工程中的结构设计情况相结合，对混凝土进行制作和配合比。在具体操作中，施工单位应根据要求，严格地对材料的含水量和配合比进行控制，为了使混凝土的用水量和水灰比降低，可添加减水剂和泵送剂，这样不仅能减少水泥的用量，避免发生水化热的情况，还能保障混凝土的耐久性和安全性。

此外，为能使混凝土的搅拌效率得以有效提升，搅拌时可采用强制式搅拌机，而且要让搅拌机同施工现场接近，这样便于运输混凝土。在实际运输时，要保障运输的时间比初始的混凝土凝结时间短，且要保障混凝土均匀，防止离析问题的发生。

要严格控制好浇筑混凝土的温度，保证混凝土的浇筑温度在28℃以下。在实际施工时，要充分地考虑天气情况，可采用分层浇筑方式，使浇筑混凝土的密实度得以保障。

在适当的湿度及温度条件下，应进行混凝土的水化，一般情况下是连续 21 ~ 28d 采取分层浇筑方式。如温度偏低，不可洒水养护，可覆盖草袋以及胶布保温，但应使保温时间延长，这样能够防止混凝土发生收缩，出现裂缝。

此外，在正式浇筑混凝土之前，可对传感器进行预埋，借助传感器可监控混凝土的变形情况和收缩情况，从而得出检测结果，并根据结果及时修缮混凝土，这样能够有效地延长混凝土的使用寿命。

（五）保障施工所用原材料的质量

施工原材料的整体质量能够直接影响到水电工程的混凝土施工质量，因此在实际施工前，应加大力度检验施工材料质量，只有当原材料达到相关的要求，符合相关的标准，才能够在工程中投入使用，外加剂、掺合料及水泥是混凝土几种主要原材料。

混凝土重要的原材料即水泥，能够使混凝土的强度以及基本结构质量得以保障。在实际的施工过程中，应确保混凝土地强度满足相应的防水性要求，符合相关的标准。因此施工单位要选用正规厂家、符合相应质量标准的水泥产品，同时要对产品质量合格证进行检查。

需注意的是，在具体施工中，不可随意对水泥生产牌号以及厂家进行更换，否则不仅会降低工程整体的强度，还会留下极大的安全隐患。一般情况下，混凝土掺合料会选用粉煤灰和石灰石等材料组成的掺合料能够增加混凝土强度，当其同水泥发生反应时，也可有效强化混凝土胶凝能力，从而满足混凝土施工的实际需求。相比于另外两种材料，外加剂较为特殊，不可在事前将其剂量确定下来，需与施工具体情况相结合实行科学配合比，使混凝土性质稳定是外加剂最重要的作用。如施工条件较为特殊，将外加剂添加到混凝土当中，能够让混凝土更好地防御外界因素影响。值得注意的是，外加剂这种材料极为敏感，要根据环境进行控制，确保准确的添加量。

（六）提高施工检验环节人员的素质

混凝土施工检验人员的工作就是对现有施工地点的各项工作进行检验，这样就能够确保施工的正常进行。想要提高施工检验环节人员素质需从以下几点进行：①加强检验人员的技术含量，很多检验工作人员都是依靠以往的经验进行检验的，这样的检验方式不能够支撑整体工程质量的检验，因为在现场很多技术性的事件都是需要拥有相应技术才能够解决的，所以想要提高检验人员的素质，就需要加强其技术含量的储备；②应该对水利水电施工检验人员进行系统的培训，在培训的过程中充分的了解现场可能发生的情况，并充分做出应对的准备；③完善检验人员的薪资，调整惩罚奖励，这样不仅能够提高工作人员的积极性，还能够让工作人员更加正视自己的工作，更加了解检验的重要性。

第九节　水利水电工程机电设备

一、机电设备安装工程

（一）主要特点

在当前国内一些重大的水利水电工程项目的建设过程中，机电设备安装及施工管理由原来的专业化朝着技术密集型方向去发展，当然，这在一定程度上也增加了整个工程的工期时间，但是，它对于水利水电工程项目的建设所起到的推进作用是非常巨大的。

（二）技术标准

在水利水电工程项目的建设过程中，对于机电设备技术的运用领域是非常广泛的，其中最为显著的就是水利工程机电设备制造领域，包括制造工艺、标注、质量等，可以说机电设备安装工程早已是水利水电项目工程建设中的一个重要组成部分。在机电设备的选型设计标准方面，充分考虑到机电设备自身的特殊性，因此，相关工作人员在对水利水电工程管理进行设计的时候，主要考虑、注重的还是水利工程机电设备的选型设计、方案设计等方面，而不是单纯意义上的机电设备产品的设计，这也是根据当前国内水利水电工程的发展需要而进行的。

（三）存在的问题

在水利水电项目工程的建设过程中，对于机电设备及其应用技术等领域所出现的问题，主要体现在工程的管理制度上，包括水利单位管理内部缺乏一套有效的整体协调配合的管理机制，工程的安全评价及其鉴定评价指标都不够明确，这些都是管理制度上的缺陷。在机电设备本身，由于工作管理人员过于疏忽对机电设备的管理、维护、检修等相关工作，再加上机电设备的更新换代不够及时、使用操作不当等原因，不仅造成了大量的经济损失，而且严重阻碍了水利水电工程建设项目的顺利完成。

二、运行中常见故障与维修方法

在水利工程机电设备运行过程中，必须将故障分析与维修置于重要的位置，从而保障机电设备的安全、稳定、高效运行。闸孔在投产初期由于左右两边操作杆液压分配不平衡，电气开度仪故障频繁，容易引起排漂门左右油缸偏差太大，操作时发卡。为保证弧形闸门支角座的良好润滑，可以将原来用油杯加油的方式改成用干油泵定期打油，效果较理想。水轮发电机组运行时因水推力的作用，推力轴承的支撑件刚度不够而变形，机组转动部分往下游方向产生较大的轴向位移，造成运行中发电机转子制动环与制动夹钳碰刚，水导轴承与轴承盖碰刚，主轴密封转动环与平面密封环产生较大间隙而甩水等现象。对于此类现象，可采取在管形座每块肋板上加焊支撑的办法，使轴向位移减小到安全范围。

水轮发电机组定子引出线电缆表皮纵向或横向破裂的现象较为常见，可采取临时包扎的处理办法，采取有效的电缆表皮坚固措施。如果超出电机的额定载荷，有可能造成定子转动过快而引起升温过高的现象，处理方法根据水工建筑的结构、功能区域、用户的实际需要及水平线缆长度等，合理确定管理子系统的数量，当出现定子转动引起温升过高现象时，自动化控制系统将发出警报或自动进行调节，从而保证定子转动维持在一种相对平衡的状态，避免因局部升温过高而造成机电设备的损坏，如果发现其内部油雾严重，必须及时进行全面的检查与维修。机组冷却系统为密闭循环冷却，其冷却水由表面冷却器在流道中实现热交换。在水温28℃以上时，热交换能力明显不足，引起冷却水水温过高，从而机组风温、油温、瓦温等都超过了报警值，采取限负荷运行方式。

异步电动机常见的故障一般可以分为机械故障、电气故障等，其中机械故障以轴承、机座、风叶、铁心、转轴等故障为主，较易观察和发现，维修方法也较为简单；电气故障以定子绕组、电刷等导电部分故障为主。由于异步电动机的结构型式、运行环境、制造质量、使用与维护情况不同，同一故障可能表现为不同的外观现象。通过仪表测量或观察等确定故障的具体位置，将机器拆开后应及时进行维修，对于损坏或老化的零件要及时进行更换，出现漏电现象的电动机则要对线路板、导线、连接线路等进行逐一检查。

三、机电设备技术的运用

本部分内容以南水北调中线工程为例，对其机电设备技术的运用进行研究与分析。南水北调中线工程主要是从丹江口水库的东岸引水，整个工程途经长江流域与淮河流域的分水岭———"南阳方城垭口"，主要的水利渠道是沿着黄淮海平原———"中原地区最大平原"的西部边缘进行开挖的。在整个工程的建设过程中，主要解决工程沿岸区域的城市居民用水，与此同时还得保障沿线区域的生态环境及其当地的农业灌溉用水不受影响。南水北调中线工程在 2014 年的 12 月 12 日正式开通，于当日下午开闸通水，每年可向北方地区输送的总用水量达到了 95 亿立方米，基本相当于整个黄河流域的百分之十七，极大地缓解了北京、天津等北方城市的缺水局面。南水北调中线工程之所以取得如此快的进展及其质量保证，最根本还是得益于先进机电设备技术的引入与运用，下面简单地介绍一些在南水北调中线工程建设过程中机电设备技术的运用。

（一）水泵机组的安装应用

1. 水泵机组的施工准备阶段

在安装工程施工之前，先做好有针对性的准备措施，包括仔细研读相关机电设备技术的文献资料等标准，之后根据工程建设的实际需要，科学、规范地编制一套专业性的施工规划设计方案。

2. 水泵机组的底座安装阶段

在对水泵机组进行底座安装之前，需要相关技术工作人员仔细勘察，并对事先设计好的图纸及其尺寸进行检查，切勿出现不必要的差错，保证安装的底座尺寸与规划的图纸相符合，在这个过程中，可以有针对性地用千斤顶、楔子板等机械工具来对底座中心位置进行适当的调整。

3. 水泵座、导叶体、弯管、液控阀、出水钢管安装

首先是对泵座进行安装，值得注意的是在安装之前，必须仔细地复查相关的尺寸，保证与设计规划的图纸相符合，最后将导叶体一起与泵座在组装之后吊入底座上方，并利用千斤顶、楔子板来调整水泵座的中心、高程、水平，使其完全符合标准要求的规范。在安装弯管时，将弯管与水泵座进行连接。

4. 电动机机座与电动机的安装

在对电动机进行安装之前，相关技术工作人员需要对电动机及其相关零部件进行核对

与检查，保证零部件齐全，同时还要检查一下电动机起吊工具、起吊机械设备是否能够满足电动机吊装的需要。

（二）机电设备自动化监控技术的应用

在今后的水利水电工程建设领域，水利水电机电设备自动化应用技术应该是发展的主要趋势，对于水利水电自动化计算机监控系统，将会逐渐朝着综合化、信息化、数字化、智能化等机电设备应用领域去发展。当前我国机电自动化监控技术在水利水电工程建设中的运用，主要体现在以下方面，这也是机电设备自动化监控技术标准体系下的基本构建框架。

首先，就是前面所提到的制造标准，因为在机电设备生产制造方面，所应用的不仅只有水利行业，同时还包括电力行业、机械行业、消防行业、建筑行业等众多领域，因此就需要进行专业化、标准化的生产与制造。由于机电设备的综合复杂程度，决定其必须朝着自动化、信息化方向去发展。其次，在水利水电机电设备的造型选型及其设计标准方面，由于机电设备专业领域的特殊性，决定了我国的机电设备应用专业主要从事的工作就是机电设备安装工程的技术标准、方案设计、选型设计等，目的就是最大限度地去选择能够适合水利水电工程实际发展的机电设备自动化产品。与此同时，为了能够充分满足水利水电项目工程设计的完整性、方案性、协调性，就必须充分考虑到相关机电自动化设备产品及其型式的科学性、专业性、合理性，最终决定了水利水电工程机电设备自动化监控应用技术的多样性。

四、机电设备安装与土建施工协调配合

（一）常见问题

1.漏装预埋件重量大

如果机电设备的漏装预埋件太重，就难以发挥水利工程施工和机电设备等待安装一般质量类的起重机的原有功效，其配合施工只有通过托、吊等手段进行，所以在混凝土施工前，工程主体结构需要预埋处理设备基础和吊钩等部件。如果出现漏埋现象，就会影响机电设备的安装、后期保养和检测维修。

2.预留电缆孔洞位置不合理

水利水电工程建设安装的机电设备结构复杂，而且类型多样，安装的电缆数量多，土建工程主体结构施工就容易出现预留电缆孔洞漏留或者错位的情况。而且如果电缆直径太大，进行大角度转动时难度增加，必须要根据安装电缆的真实尺寸进行施工。但是实际土建施工中设计的电缆转向区域没有考虑到实际施工中电缆需要的空间，增加了电缆转向难度，电缆外部的保护层容易被破坏。

3.机电施工和预留空洞位置误差

在安装机电设备时，经常会出现设备尺寸、规格、预留孔洞、标高位置等误差。工程主体结构的混凝土施工设计方案、机组设备的标高数据中误差比较多，虽然在设计图纸中会标注可调整垫板的厚度和机电设备的基础底板高度，但是不会标注可调整垫板的规格尺寸。在承重梁配筋时，通常施工人员没有认识到垫层厚度与机电设备基础高度之间关系的重要性，所以机电设备的安装高度和图纸的设计高度间容易出现较大误差。而预留孔洞出现位置误差的两种表现形式就是在位置和尺寸的误差，支撑模板质量不合格，增大了混凝土浇筑过程中侧向和上方位置的负载，此时支撑模板就会发生变形，使得预留孔洞位置出现误差。

（二）水利水电工程中机电设备安装与土建施工的协调配合

1.做好准备工作

因为土建施工的复杂性和系统性，在安装水利水电工程机电设备前，需要做好相关准备工作，根据施工流程记录水利工程机电设备的安装参考数据，这样在后期机电设备安装中才能有良好的基础。在进行设备安装时，需要结合土建施工的环境协调土建施工和机电设备安装之间的关系。同时检测机电设备安装和土建施工的技术，避免施工过程中出现技术性的问题。

2.处理施工间的关系

因为水利水电工程机电设备安装和土建施工的复杂性，所以使得其过程周期长，在一定的时期内会出现交叉工作的现象，增加了矛盾和问题发生的可能性，如果不及时处理其中出现的问题，制定好施工流程，就会影响施工的开展。在水利水电工程机电设备安装实施前，必须要制定科学的实施方案，及时解决机电设备安装和土建施工间出现的问题。因此，在水利水电工程建设中，必须要监督管理土建工程的施工项目，对项目中存在的问题进行认真分析，制定合适的解决方案。而且也要及时解决机电设备预留孔洞的问题，严格根据图纸进行土建工程施工，找好定位的尺寸线，防止预留孔洞位置出现偏差和尺寸不合适的问题。同时也要预留安装电缆的孔洞，不能出现机电设备预留件漏埋的情况，减少机电设备安装的工作量。

3.保证安装施工质量

在施工的测量阶段，必须要加强对工程测量的监督，这样才能提高项目施工的质量，保证测量数据的准确性，为后期土建施工和机电设备安装提供保障。因此，建设单位需要建立专业的施工测量机构，把握施工测量的方法和技巧，并根据相关的法律规章制度运用国家规定的测量仪器，为施工测量的准确度提供保障。因为水利水电工程机电设备的材料复杂，所以必须要严格机电设备材料的选购过程和监督管理，根据国家的相关标准规范选购材料。在施工前，要测试材料的材质，保证严格按照相关程序和步骤进行机电设备的安装，提高机电设备安装的质量。在水利工程机电设备安装施工中，必须要在施工前将部分设备主体和金属结构框架运输到施工现场，因为其重量大、占位大必须提前与土建单位沟通好设备安置点，保证设备安装中需要的临时仓库与厂房之间的距离不能太远方便及时保养后期安装的机电设备，防止出现机电设备质量问题。

第十节　金属结构安装工程

在水利水电工程的建设施工过程中，水工金属结构制造与安装是一项非常重要的工作，水工金属制造与安装的质量优良能够直接对水利水电工程的施工质量产生影响，因此，相关部门就应该对水工金属结构的制造与安装质量进行控制和管理，提高水工金属结构的制造与安装的质量，进而提升水利水电工程的建设施工质量。

一、水工金属结构安装的特殊性

（一）需要较高的投资数额

水工金属的结构安装需要消耗大量的金属原材料，这是一笔不菲的数额，同时水工工程对结构安装的技术人员专业性与熟练度要求较高，高端人才的聘请也是一笔较高的花费。

（二）重视安全

水工金属结构安装工程中安全性是其中很重要的一方面。如果结构安装工程中的安全性得到较高的保障，不管是对安装效率的大幅度提高，还是对安装质量都可以起到很好的促进作用。

（三）专业技术性要求高

水工金属结构是一个交叉性的学科，融合了其他很多学科专业的知识，对专业技术性有一个较高的要求，如果可以引进先进技术和先进设备对工程施工大有裨益。

（四）工程质量要求高

水利是农业的命脉，灌溉与防洪与人民的生活息息相关，水利工程与人们的生活很近，我们需要重视结构安装的质量，这直接关系到人们的生活质量。

二、水工金属结构安装流程

（一）水工金属结构的测量放线

测量放线是进行水工金属结构安装工程的最初环节，而且测量放线工作能够保证水工金属结构在安装的过程中的准确定位。在进行放线的过程中，施工人员应确保其精准度，并对其进行有效控制。放线完成后还应该对其进行良好的检查工作，确保其误差值在可控的范围内。

（二）水工金属结构的拼装施工

在测量放线完成后，就应进行水工金属结构的拼装施工，以此完成金属结构的主体拼装工作。在实际拼装的时候，相关人员应对金属结构的大小、间隔、弧度进行控制，确保金属结构的安装与设计图纸中相同，进而使水工金属结构的安装质量得到保障。

（三）水工金属结构的焊接施工和防腐施工

在水工金属结构拼接完成后，就应对其进行焊接工作，在焊接的过程中应保证金属结构能够成为一个整体，并且没有漏焊点，而且焊接人员还应在美观性上对其进行优化。在焊接施工完成后，应对水工金属结构进行防腐施工，就是通过对金属结构进行防腐处理，提高金属结构的使用寿命，保证水利水电工程能够更加长久的使用下去。

三、水工金属结构安装的影响因素

（一）人员方面的因素

人员方面的因素，主要包含指挥人员、操作人员，这就要求必须保证参与人员的素质水平，包括专业技能水平、道德修养、身体素质等。野外作业的工作环境是恶劣且变化多端的，工作人员必须有着良好的身体素质，才能经受住挑战。此外，团队合作精神也非常重要。因此，单位应尽量选派一些技术水平较高，安装经验较丰富的人员组建成施工队，最好是确保每位特种工人都是持证上岗人员，如此才能更好地保证安装质量。

（二）机械方面的因素

机械设备也是影响水工金属结构安装质量的一个重要因素。在水工金属结构的安装过程中，有多种机械设备（如手拉葫芦、电焊机等），而机械设备的性能和操作难易度与工程的进展有着紧密联系。机械设备的质量如何，不但会对水工金属结构的安装进度有影响，还会对其安装质量造成影响，因此，既要保证工地大件吊装合格，也要合理选配小件设备，才能为安装工作的进行提高有力保障。

（三）方法方面的因素

安装方法主要包含两个方面，分别是安装方案，技术操作。在该次安装工程中，弧形门的尺寸较大，且分块较多，因此必须以已有经验为基础，并结合现有技术、经济、组织及场地等因素进行综合考虑，才能制定出更合理的安装方案及施工工艺，进而提高安装质量。

（四）材料方面的因素

工地是一个较复杂的场所，它既有不同类型的工作人员，也有大量的材料。材料是整个工程得以正常进行的物质前提，材料的质量如何将直接关系到安装工程的质量。施工场地不但是产品检查场所，也是产品安装的区域，故做好材料的质量把关工作非常重要。比如，对于那些准备入场的施工产品，质检人员应先让厂方提供合格证明，如探伤报告、原材料等，并对运输中材料可能出现的挤压变形情况有充分的了解。材料是工程得以实施的物质基础，必须保证安装材料的质量合格才可进行安装，只有这样，安装工程的质量才会有更好的保障。

（五）环境方面的因素

环境也是影响水工金属结构安装质量的一个重要因素。环境是影响安装质量的一个外因，它具有多变性、不确定性等特点，不但会对安装材料造成影响，也会对施工进度造成影响。因此，操作人员在开展安装工作时，既要注意到环境对材料可能造成的损坏，又要学会根据环境变化及时采取有效措施予以处理，尤其是出现潮湿、大风天气时，要更加注意天气对门叶的防腐、焊接所造成的影响。

四、水工金属结构安装质量控制

（一）做好安装方案设计

在水利水电工程建设施工的过程中，进行水工金属安装时，应对其安装方案进行优化设计。在实际的安装中，水工金属安装方案设计的科学性能够直接对安装质量产生影响，进而对水利水工程的整体施工质量造成影响。因此，安装人员应根据水利水电工程的真实情况对水工金属结构进行安装方案的设计，并确保安装方案设计符合施工要求，保证水工金属结构能够顺利安装，并保证质量。

（二）加强机械设备管理

在进行水工金属结构安装的过程中，机械设备是其中的必需品，并且机械设备的质量也能够对水工金属结构的安装质量产生影响。在具体施工的时候，机械设备若出现质量问题，那么就会导致水工金属结构的安装出现停滞，这对于控制器安装质量来说非常不利。

因此，想要确保水工金属结构的安装能够顺利进行，相关人员就必须对机械设备进行良好的选用，并确保其适用于水工金属结构的安装工程中，而且还应该做好机械设备的管理，防止机械设备因为人为因素造成损坏，在管理的时候还应对其进行有效的保养措施，提高机械设备的工作性能，进而提高水工金属结构的安装质量。

（三）做好材料质量控制

材料的质量是直接决定水工金属结构安装质量的重要基础，而且材料的质量也能够对水利水电工程的总体质量产生影响，所以，相关人员一定要做好施工材料的质量控制工作，进而保证水工金属结构安装以及水利水电工程的质量得到有效保证。在进行施工材料的选择过程中，相关人员应对工程的实际情况进行充分的考虑，并确保材料的质量符合水利水电工程以及水工金属结构安装的相关要求，而且在材料进场之前也应对其质量进行有效的查验。之后，应对材料进行分类管理，防止因为人为因素造成材料质量的降低。如果材料出现生锈等情况，安装之前应对其进行有效的处理，否则不能够进行使用。

（四）严格按照施工工艺进行安装

1. 认真完成测量放线工作

测量放线是安装工程的一个关键环节，其质量如何会影响到安装质量。因此，技术人员必须结合业主及土建单位提供的基准点，并熟悉施工图纸，然后先从理论上模拟建立控制网，待经过科学分析后再选择全站仪进行放线定位，最后使用多种测量法进行校对，以确保测放点、线的准确性。

2. 严格根据工序进行拼接

在对门叶进行逐块的吊装拼接时，既要考虑弧度尺寸的美感，又要保证间隙的安全度。拼装工作的进行，必须紧密结合设计图纸及实际需要。拼装作为一种工业艺术，既具有较高的审美性，还具有较高的实用性。安装支臂时，需要将其拼成一个整体，并要预留适量的收缩量。同时，注意保持支铰装配轴心和轴度之间的偏差始终处于允许范围内，以保证角度的固定、牢靠。

3. 焊接工艺的质量控制

焊接也是金属结构安装质量的影响因素之一，因此，施工人员必须严格按照不同类别、不同部位的焊接工艺来开展焊接工作。同时，焊接人员还应对焊缝进行外观检查、超声波检查，以免出现裂纹、气孔、焊瘤、咬边等缺陷。一旦发现缺陷超出允许范围，则应及时进行返修，防止发生严重的质量事故。

4. 防腐工作的质量控制

防腐不但出现食品安全方面，还出现在金属的性能保护方面。能否对水工金属结构进行有效的防腐，对于保证其质量非常重要。因此，在完成了拼装、焊接工装后，还要注意做好防腐工作，即对金属结构的焊缝两侧进行防腐处理。常见的防腐措施有：漆层涂装、压缩气体喷砂等。对金属结构进行防腐处理，既能将金属出现的氧化皮铁锈清除，又能延长产品的使用寿命。

（五）提高施工队伍的技术水平

施工队伍对于一个工程来说，是非常重要的，施工队伍的技术水平能够直接影响水利水电工程的建设施工质量，在水工金属结构安装的过程中也是这样。施工队伍的质量控制思想、技术能力以及职业操守都会对水工金属结构的安装的质量造成影响。因此，在对施工队伍进行选择的时候，就应对其中的具体施工人员进行良好的选拔，确保每一名施工人员都具有相关从业证书。而且还应该对施工队伍进行高效的专业培训，不断提高其施工水平和能力。在水工金属结构安装的过程中，还应该制定良好的质量控制措施，并安排专门的人员对安装质量进行控制，保证水工金属结构的安装质量符合水利水电工程的设计要求，提高水工金属结构的安装质量。

综上，水工金属结构制造和安装是水利水电工程建设施工过程中非常重要的工作，因此，对水工金属结构的制造和安装质量进行控制，才能够切实保证水利水电工程的建设施工质量，进而促进我国社会和经济的健康发展。在对水工金属结构制造和安装的时候，相关人员在进行施工的过程中应按照相关规范和标准进行，并且还应该结合自身多年的安装经验，进而将水工金属结构的安装质量进行有效控制，进而提高水利水电工程的建设质量，促进水利水电工程的发展进步。

第十一节　水利水电工程施工安全管理

水利水电工程的安全管理是一项涉及方方面面的工作，不仅贯穿于施工的各个阶段，也体现在工程投入使用之后后期的维护工作中。因为水利水电工程的特殊性，所以相关安全事故的发生概率一直居高不下，这从侧面也说明了完善这部分工作的重要意义。需要从实际出发，深入了解水利水电工程施工安全中存在的问题，从实际问题出发来完善工作。

一、水利水电工程施工特点

（一）工程质量受到多方面因素的影响

在水电水利工程的建设过程中。很容易因为外界的影响造成崩坝的事故，这必然会造成巨大的经济损失以及人员伤亡。在施工过程中我们需要重视好其中的细节，做好安全管理工作，将这类影响降到最低。具体来说以下因素都有可能对水利水电工程的施工带来难以忽视的影响。首先，地质环境的因素，像是土壤的松软程度等技术指标，由于水利水电工程量以及工程总体的负重较大，容易受地质环境因素的影响而出现土地崩塌的情况；其次，水文环境的因素，水利水电工程的施工大都在室外。如果在雨季施工，那么阴雨天气必然会影响正常的施工进度以及施工质量，这是工程安全管理工作的一个巨大的挑战。因此我们应该加大安全管理的工作力度完善其控制要点，针对现有工作中的问题以及弱项制定出完善的工作方案，这样才能够保障水利水电施工顺利进行。

（二）容易出现安全事故

水电水利工程的工程量较大，工程难度也较大，需要对山体或者是石块进行爆破处理，一旦操作不当就可能造成山体滑坡和塌陷现象的发生。除此之外天气变化也极容易造成安全事故的发生，像是暴雨天气导致的滑坡、泥石流等都会给水利水电工程的施工带来很大的影响。因此要从这方面加强对水利水电工程的建筑安全管理，保证建筑工人的生命安全。

二、水利水电施工安全管理的原则

（一）预防为主的原则

对于安全管理，通常采用的办法是预防为主，在水利施工安全的管理原则中，预防安全事故的发生也是安全管理中最重要的内容。通过调查发现，目前对水利水电施工安全的预防，一般从以下几个方面进行：首先从根本上消除习惯性的违章，减少事故的发生，通过对实际施工人员和管理人员进行培训，让他们知道施工安全的重要性，树立起安全的理念；其次就是施工过程中安全用品的质量要过关，这样可以在很大程度上防止正常施工中一些突发性安全因素带来的安全事故；再次就是要重视安全技术，通过一些针对性的安全措施，从本质上消除一些危险的因素；最后就是在水利水电工程施工的现场安排专门人员进行施工现场巡逻，通过这种实时对施工现场进行观察的办法，及时地发现一些危险因素，最大限度地保障水利水电工程的施工安全。

（二）安全优先原则

在以往的一些工程施工中，很多工程的承包商为了抢施工进度，不顾一些施工安全进行施工，导致发生了很多原本不应该发生的安全事故，这对水利水电工程施工安全有很大的借鉴价值，因此，在目前的水利水电工程施工中，应该把安全因素排到第一位，不能只考虑施工进度和经济效益，始终要把从业人员和相关人员的人身安全放到首位。

（三）强制性原则

安全是生产的法定条件，安全生产的理念不能因领导的个人意志和想法而有所改变，要时刻铭记于心，落到实处。必须强制性落实项目的防护措施、安全管理原则、人员配备等，任何违法行为都必须采取强制性措施予以追究和改正。

（四）全员管理原则

安全生产职责要"横到边、纵到底"，从上到下不论是领导或是工作人员，都要坚定安全生产目标，明确安全职责，避免上紧下松的现象，做到上下一致，让每一个工作人员都能意识到施工安全的重要性，从每个施工人员和管理人员自身的安全做起，通过这样的方式形成全体工程施工人员的安全体系，从本质上做到生产安全，人人有责。

（五）安全生产管理长效性原则

保持安全管理的长效性应该注意以下几个问题，首先就是建立起水利水电工程施工方的安全管理组织，而且要确保这个组织的正常高效运营，这是安全管理工作的组织保证。其次就是要做好安全技能培训及安全知识教育工作，并落实、健全安全职责及其一系列规章制度，同时对施工过程中出现的安全事故应该及时处理，并且对安全事故的发生原因进行分析，调查清楚安全事故的发生过程，不能放过防范措施未落实的事件。最后，还应该制订并实施企业生产事故应急救援预案，时常组织领导及员工进行演习，并逐渐完善，使大家在真正遇到事故时能够从容面对。

三、水利水电工程安全管理问题

（一）安全管理意识薄弱

由于水电水利工程的工程量施工量较大，耗费的时间相对较长，建筑施工企业为了追求经济收益，一味地追赶工期，却忽视了安全管理工作，根本没有认识到这方面工作的重要意义。出现这样的问题与企业现有的经营理念有很大的关系，当然对于企业来说，早一刻完工能够为企业带来巨大的经济效益，处在市场竞争不断加剧的今天，追求经济效益本是无可厚非的。但是这样做也在很大程度上增加了安全事故发生的概率。不仅影响到了施工人员的人身安全，也为水利水电工程的质量埋下了隐患。要解决这一问题，需要工程的负责人以及各级管理者能够转变过去的认识，正确对待安全管理工作，对其中的工作要点有一个正确的解读。

（二）施工材料质量参差不齐

对于水利水电工程施工而言，施工材料的质量能够直接影响到工程的质量。近些年国内水利水电工程建设的数量和规模有了显著的提高，因此材料供应商为了保证产品的销量也都转变了过去的经营战略。但是随着市场的剧烈波动，越来越多的材料供应商开始压缩生产成本，而忽视了自身材料的质量。一旦不合格的施工材料流入施工现场，必然会给水利水电工程的施工带来安全隐患，一旦因为材料问题而引发安全事故，很容易就会威胁到工人的生命安全。

（三）施工人员安全意识较差

综合相关的案例分析，水利水电工程施工中很大一部分安全事故可能都是由于工人的疏忽造成的。一味地追赶工期，相关的操作不按规定进行，这些都会对安全管理工作带来巨大的困扰。因为作业环境以及待遇等因素的影响，长期以来水利水电工程中的施工人员大都以进城务工的农民工居多，虽说依靠过去的经验他们能够胜任基本的施工任务，但是缺乏应对突发事件的经验。很多技术含量较高的环节他们也没有办法保证最终的质量，因此在今后水利水电工程的安全管理工作中，一定要加强培训，提高工人的安全意识以及作业技能，这才能够改善水利水电工程的施工现状，降低安全事故发生的概率，进而提高工程的施工质量。

四、水利水电工程安全管理要点

（一）加强对员工的安全意识教育

要完善水利水电工程施工安全管理方面的工作，必须通过培训的方式落实好员工的安全意识教育，这样才能够保证工程安全、稳定的运行。安全意识教育应该有计划，有针对性地进行，要长期坚持，让其成为企业日常管理的一部分，这样才能够真正地让这部分工作发挥它该有的作用。从培训对象以及培训内容的确定，到培训形式的选择，都应该形成完整的工作方案。具体来说培训对象应该具有一定的层次性，不同岗位以及不同岗位性质的工人，其培训的内容深度要有所区别。要针对不同工种的工作性质以及不同的施工环境来进行培训，可以通过现场讲解的方式来进行培训，也尝试邀请相关的技术专家对某些特殊岗位上的工人进行有针对性的指导。当然为了保证实际的培训效果，还应该将员工培训的成绩与他们的绩效挂钩，制定完善的激励措施，对表现优异的员工要进行奖励，通过这种方式能够有效地调动起员工参与培训的积极性。

（二）改变管理理念，制定完善的管理制度

就水利工程施工而言，安全管理工作在过去很长的一段时间里根本没有得到足够的重视。很多管理人员还在固守着过去的管理理念，一线施工人员也没有意识到不规范操作而引起的后果。作为基础管理者，要敢于对上级不科学的管理方式说不。作为材料的采购人员，应该勇于对不合格的材料说不，当然要真正做到这一切需要转变过去"唯进度至上"的管理理念，要从思想深处树立起"安全施工、利国利民"的思想，制定完善的管理制度。施工管理制度的制定要在相关法律的允许之内来完成，体现出工程的实际特点，增强其针对性。明确各级管理者以及各个岗位上的员工的职责，对不规范的行为要通过制度进行约束。可以尝试在施工现场设立安全监督员，明确安全管理工作的责任归属。材料采购工作要进行规范化操作，在签订供应合同之前一定要对施工材料进行全面的检验。将这部分工

作交由专人来负责，加强对这部分员工的培训，提高他们的职业素养，让他们能够认识到材料采购对水利水电工程施工的重要意义。

（三）加强质量监督

为了保证水利水电工程的总体质量，需要从工程的质量管理入手，加强管理的力度，不断完善工作中存在的漏洞和问题。由于水电水利工程复杂又烦琐，一旦某个环节出现漏洞都会给工程造成不同程度的影响，因此应该管理好每一个工作细节。在工程设计前要做好实地考察的工作，综合考虑地形、气候等因素给工程带来的影响，及时做出设计调整。在正式施工时也应该把设计的要点和难点及时传达给工作人员，提高他们的责任感和工作积极性，加强各部门之间的合作，一旦出现问题能够及时沟通，合力解决。这些都对提高水电水利工程的整体施工质量具有重要意义。

（四）做好水利工程施工中的材料管理

材料管理也是水利工程安全管理的重要内容，同样对水利工程的施工安全和效益有着重要的影响，如何做好材料管理工作是水利水电工程安全管理面临的主要问题之一。见仁见智，材料管理的方法多种多样，但要根据水利水电工程的施工方案和设计要求制定适宜的管理办法，保证材料的质量和及时供应，这样才能在保证工程进度的同时更好地实现水利水电工程施工的安全。材料管理措施包括以下几点：

首先，在材料的采购中要严格控制材料的质量，签订供应合同的时候一定要明确材料的质量和供应时间，确保自身的合法利益，还应当制定相关的责任追究体系，督促供应商按规定履行供货义务和质量保证的责任。

其次，材料的保管工作，要根据材料的不同特性分类保管，对保管有特殊要求的还应特别注意。当前，很多因素直接制约着材料保管工作的开展和进行，例如：缺乏专业的保管人才，保管人员责任心不强等。要解决这些问题就必须提高保管人员的自身素质，有条件的还应当进行相关的培训。

最后，为了节约材料成本，避免不必要的浪费，材料管理中还应当加强监督工作，确保材料的合理使用，对偷盗、浪费材料的现象进行严格的打击。材料的使用应进行严格的登记，使责任落实到人。

（五）做好现场管理

加强施工现场管理，推广标准化施工，有效降低安全事故发生的概率。日常施工中要加大巡视力度，保证各项施工技术细节都能够及时落实到位，为一线工人配备必要的防护用具以及劳保用品，为他们营造一个尽可能安全的工作环境。对违规事故要及时进行处理，必要的时候应该停工进行整改。

（六）加强水利施工中的安全管理

水利施工过程的安全管理具有时间长、跨度大的特点。因此，人们应确保施工过程的安全管理是全方位的，不能留有任何死角，具体工作可以通过以下几点进行开展。

1.对于施工安全管理的关键要做好控制工作

水利施工安全管理的关键可以分为：关键施工对象以及关键施工工序。前者多指较为危险的施工过程，高空悬挑部位施工、导流洞引水洞衬砌封堵施工等。而后者大多数指的是如大体积混凝土浇筑、钢筋焊接加等。在这两个关键点的安全管理上务必要确保对于安全制度的落实。

2.施工现场的安全管理

这是水利施工安全管理的着力点，所以人们务必要做好水利工程施工现场的安全管理。

健全各种现场管理制度，具体包括责任制、抽查制等。对于不按照制度要求的施工应进行及时的处理，出现问题应实行相应的惩处。加强对施工人员技术的检查，杜绝出现无证上岗的现象，特别要针对危险施工现场。例如对于非电气专业人员安装电气设备等现象要严厉禁止。这一措施可以有效地避免很多意外的伤害。做好工序交替、工种更换、作业面交付等工作，对于情况不明的安全隐患要格外注意。加班、赶工安全事故高发的因素，应避免加班、赶工，如果确实有需要，要特别加强监督管理，对于安全隐患要严格控制，避免发生事故。

五、水利水电工程施工安全控制

（一）组织措施

确保施工企业拥有健全的安全生产责任制度和群体防治制度；检查和督促施工企业建立一个安全的专属机构，配有称职的安检人员，落实安全生产的组织保障体系。

（二）技术措施

在水利水电工程施工中，技术措施的有效执行也是水利水电工程安全管理的基本保障之一，在具体的水利水电工程施工中，审查施工单位设计和施工方案中的安全技术措施；帮助施工单位制订新工艺、新技术应用的安全技术方案。

（三）检查措施

在水利水电工程施工的安全管理中，检查措施的有效执行也是保障施工安全的有效措施，因此，在具体的施工环节中，应该安排专门的检查人员对水利水电工程的施工现场进行不定期检查，尤其是对施工工人和相关的管理人员的思想安全意识、专业素质进行检查，在对水利水电工程施工过程进行检查时，应该注意检查的方法，一般有"五看"：一看文明施工，二看架子搭设，三看"三宝、四口、五边"，四看机械电气，五看安全资料。

（四）教育措施

对施工人员进行安全知识教育也是值得重视的，施工单位要建立健全安全生产教育制度，使每一个员工务必牢记水利水电工程施工安全管理制度，施工过程中要注意的施工安全技巧一定要熟悉，在施工人员进行具体施工时，要做到不对别人造成伤害，也注意别被别人伤害，这样从安全管理的本质上做到防范为主，对于没有经过安全培训的管理人员和施工人员，在制度上不允许上岗，同时在工程施工人员和管理人员中，普及安全知识，使员工树立起安全的观念。

（五）隐患及事故处理措施

发现事故隐患、违章指挥操作等危险情况要立即令其停工，必要时要通知监理工程师，并在整改后及时复查，督促解决。督促施工单位严格执行"伤亡事故调查处理制度"，对伤亡事故调查必须做到细致入微，对重大事故隐患不及时整改的，要严格处理，依法向建设行政主管部门报告，绝对不能姑息。

（六）补救措施

要通过上级对单位的防洪度汛预案和应急救援预案审查，就必须确保施工单位建立应急救援组织，拥有相应的救援人员，配有必要的应急救援设备，同时要定期演练。切实做好技术措施和安全组织措施，做到没有安全措施的事情不能做，没有安全保障的事情不能为。重点要做好三保和七防：保护人身安全、保证工程质量、保护设备安全；防止高处坠落物体、防止物体的击打、防止触电、防止机械的损耗、防火、防止坍塌、防止车辆交通事故。实现从事后查处的被动型管理向事前预防的主动型管理转变。

水利水电工程施工的安全管理从某种层面来说能够反映一个国家的工业水平，做好这部分工作对保障人民的生命安全也有非常重要的意义。但是因为多方面因素的限制，目前对于安全管理而言，在实际的工作中还存在很多问题。文章从实际经验出发，对这部分问题进行了总结，希望能够对改善水利水电工程安全管理的现状有所帮助。

第五章　渠系主要建筑物的施工

第一节　渠道施工

一、建设水利渠道施工的重要意义

水利渠道施工建设是水利工程一个重要的组成部分，只有进行良好的水利渠道的施工，才能保证水利工程的良好建设，才能为水利事业的发展起到良好的推进作用。水利渠道施工时水利工程的一个基础，通过水利渠道的良好施工，才能保证水利工程的顺利进行，才能保证水利事业的发展，以及人们可以更好地应用水力资源，改善生活水平，提高产生。

二、水利渠道的各项项目的施工方法

（一）水利渠道的开挖施工

在水利渠道的挖开之前要对水利渠道的渠线进行精确的测量，渠线的控制要满足三等水准测量精度和三等水平测量控制的要求。通过渠道控制点坐标和弯道的参数对渠道的中心线进行确定以后，然后规划处渠道的开挖边线，并对渠线和边线范围内的腐殖土进行清除。渠道的开挖应该分层分段的由上到下的进行，然后测量需要测量的相关测量项是否符合设计的施工图纸，如平面轮廓、水平标高、位置和边坡坡度等等，要严格按照图纸的要求进行，对于不符合图纸的部分采取相应的处理措施。在渠道的开挖过程中要注意工程的衔接，避免多次返工和留下残余工程。

（二）水利渠道的边坡的修整

当渠道的开挖结束以后，要对渠道的边坡进行修整。在边坡修整的时候要注意准确的放样，当采用机械进行削坡的时候，放样必须要注意到定桩的控制，要做到长线对短线的控制，要采取先整体后局部的防线形式；当采用人工削坡的时候，放样必须垂直于渠道曲线的坡面线，对于部分坡降比较小的渠段，要做到放样的准确，严格进行要求，而对于坡长大的渠段，放样的时候可以在坡面的中间位置加一个桩，这样就可以避免因为工程线的下垂而影响削坡，要对每一个桩进行标号和高程标号，并且要有一个准确的桩的高程测量

记录和示意图，以便于对于整个渠道的控制。

（三）水利渠道中的无砂混凝土管的铺设

对于铺设无砂混凝土管铺设的盲沟的开挖要注意到盲沟的走向的平、顺、直，盲沟的深度要符合铺设的无砂混凝土管的具体要求。在无砂混凝土管铺设的时候，要在盲沟内先铺上 20cm 厚的砂砾料，然后在砂砾料的上面铺上土工布，然后再把无砂混凝土管一根根依次放进盲沟之中，因为无砂混凝土管都是采用平接口的方式，所以通过调整让一根根无砂混凝土管靠紧，靠紧以后再将土工布卷起来将无砂混凝土进行包裹，在包裹的时候，土工布垂直于无砂混凝土管轴线的方向搭接 40cm，平行搭接 25cm，在每个间隔 30cm 的地方使用 20 号的铁丝将土工布扎紧，在渠坡的纵横向的无砂混凝土管的连接方式为 PVC 三通连接，而渠底纵横向无砂混凝土管采用连接井的方式进行连接，在连接处采用砂浆进行封实。

（四）渠道中砂砾料的铺设

根据不同的渠道段对渠道的左右两岸和底部的砂砾料的厚度要进行准确的计算和设计。在进行砂砾料的卸料的时候要根据各段砂砾料的厚度来确定卸料的密度，通过相应的运输工具将砂砾料运输到相应的位置。对于渠道底部可以采用装载机和挖掘机进行平料，而坡面砂砾料的摊铺可以采用人工和挖掘机的配合进行，如果砂砾料的铺设在 20 ~ 26cm 之间的厚度可以采用一次碾压成型的方式，如果在 34cm ~ 48cm 的厚度就需要分两层进行逐层碾压。然后在采用铁碾子进行收面。在碾压和收面的时候应该对砂砾料进行大量的浇水，因为水分越多越容易压实。

（五）渠道施工中土工膜的铺设

在铺设土工膜的时候要采取从渠顶到渠底的铺设方式，在展开之前先要对土工膜按照预定的长度进行裁剪，在铺设的时候要注意土工膜之间的平行。在土工膜进行展开的时候，要注意土工膜和砂砾料之间的紧贴，土工膜要做到大面积的平整，无褶皱和突起想象。土工膜拼接采用热熔焊接的方式，在为了能够进行良好的接缝，符合土工膜的两侧都要预留10cm 的光膜面，在进行接缝时候要提前做好接缝的拼搭，要对搭接的宽度和机具的行走提供保证，从而避免虚焊和漏焊现象的发生，焊接的温度也要烤制在200℃ ~ 250℃之间，要控制好焊机的行走速度，避免焊瘤和焊洞现象的出现。当土工膜铺设以后要保证膜面的清洁，所以在安设人行踏板，不能在土工膜上行走。要注意天气情况对土工膜的影响，采取相应的措施。

（六）渠道边坡混凝土的衬砌施工方法

在进行渠道边坡的衬砌之间首先要对衬砌机选择，如果采用的是轨道式衬砌机就必须要先对轨道进行设计和铺设。轨道的基底要保证平整和密实，这样才能保证衬砌的质量和控制渠道边坡衬砌的厚度。在进行混凝土的布料之前，需要对很凝土进行塌落度检测，确保混凝土的质量能够满足工程要求。混凝土搅拌机将混凝土熟料运输到布料机的进料口，然后布料机将混凝土均匀摊铺在渠道的边坡的衬砌面，在渠道边坡的上下端选用和衬砌厚度相同的槽钢作为模板，用沙袋或者木桩进行固定，这样就可以避免边脚的混凝土坍塌而产生变形。在布料完成之后，用铺摊机将混凝土进行铺摊，使混凝土在坡面上均匀分布，在铺摊以后用 50 型捣棒从上到下的进行初次的振捣，初次振捣以后用滚筒将混凝土压实，再用平板振捣器进行复振，复振后要保证混凝土的表面没有露石或者出浆。在施工过程中，如果出现欠料和露石的现象要及时地进行人工补料，衬砌机在进行工作时要保证一定的工作循环周期，以及每次移动距离的大小（一般工作循环为 3min，挪位间距为 30cm）。在振捣完成且铺料的宽度达到 1.2m 就可以进行抹面和压光。先用地面磨光机进行对混凝土的提浆和初次磨光，其要达到想、的效果就是渠道边坡的混凝土表面平整，没有高低不平的现象的出现，没有麻面和蜂窝。在地面磨光机工序结束以后，到混凝土表面浆体初凝的时候进行人工收面，而人工收面一定要在工作架上进行，不能在混凝土的表面进行直接的行走。当衬砌混凝土抗压度达到 1MPa ~ 5MPa 的时候，就可以进行伸缩缝的切割，要把切割机固定在专用的工作托架上，从而才能保证切割的质量。

三、水利渠道施工的问题及处理措施

（一）渠道施工中渠道边坡衬砌施工常见问题和处理

在渠道边坡的衬砌施工中由于大量采取的是机械化常常会出现厚度不均匀，混凝土表面不平整以及表面裂缝等问题放入出现，这样对渠道施工质量具有破坏性的影响。所以在渠道边坡衬砌施工中要注意厚度的控制、平整度的控制以及裂缝的控制。在厚度控制方面首先要对砂砾料层铺筑高程进行控制，要严格按照设计进行砂砾料的铺设，这样才可以保证衬砌板的厚度；通过内置的模板和液压升降支腿来的调节来做好对衬砌机高低的控制，通过调节摊铺机上平板振捣来控制混凝土放入厚度，在衬砌施工中出现厚度上的差异，及时进行调整。而对于混凝土的平整度的控制就是要把混凝土表面的平整度控制在 10mm 之内，当衬砌结束以后就需要及时对混凝土采用 2m 靠尺进行检测，达不到标准的要采取提浆或者在人工抹面的时候做到相应的处理，保障混凝土表面的平整度。而对于陈其表面的裂缝有很多原因，如温度变化，外在力的作用以及养护措施不当等等，所以在陈其表面初凝以后就需要及时的使用草帘将衬砌表面进行覆盖，要对混凝土表面进行一段时间的养护，要对混凝土表面进行时常的浇水（可派专人负责），避免混凝土表面因为湿度不同而硬化时间不同出现裂缝，在注意在渠道边坡的完全凝结之前不能在边坡上采取任何的作业，因为在混凝土初凝后，混凝土的塑性消失，而强度还未产生，在外在力的作用下就容易出现变形和裂缝。所以在需要作业的时候也必须使用活动架，避免在渠道边坡表面直接作业。

（二）水利的渠道的防渗

在水利渠道施工中采用这种衬砌的施工方法不容易出现渗漏的情况，防渗和抗冲的效果也比较强，但是我们不能说完全不会产生渗漏的情况。所以在混凝土衬砌渠道的防渗方面，我们应该注意衬砌施工要严格按照要求进行，要对基层的腐殖土进行完全的清理干净，要注意到削坡的处理符合要求，混凝土的成分比例要和符合设计的要求，土工膜的拼接一定要做到认真仔细，对衬砌的混凝土表面要做好裂缝的控制，做好表面的养护，在施工中可以的塑料养护剂进行良好的应用。

（三）水利渠道两岸的绿化问题

为了保证水质或者保证环境对于水利渠道的破坏，要对水利渠道两岸进行一些简单的绿化。在对水利渠道两岸进行绿化的时候首先要保证不会对水利渠道造成破坏性影响，在绿化的时候要采取统一的设计和规划，要严格依靠绿化的作用来对水利渠道实施具体的绿化工作，要根据环境和随礼去到的作用进行具体的绿化设计，其最终的目的还是要保证水利渠道能满足实际需求，水利渠道能够经久耐用。对于水利渠道两岸不需要绿化或者条件不允许的情况，可以不考虑水利渠道两岸的绿化问题。

四、水利渠道施工方法的发展趋势

水利渠道的施工方法随着机械化的应用和技术的规范，越来越科学而合理。在水利渠道的施工中良好设计的重要性越来越增强，通过良好结合实际的环境因素和实际需要来对水利渠道进行良好的施工。在施工中，把更多的其他的技术和方法应用到水利渠道施工中来，保障水利渠道施工的与时俱进，满足时代对于水利渠道施工的要求。

水利渠道施工方法越来越注重各种方法的结合应用，通过各种方法的结合应用来弥补各种方法存在的不足，通过各种施工方法的良好配合，来保证了水利渠道施工的正常进行。在水利渠道施工中，更多的科学含量高的材料应用到水利渠道的修筑中来，通过对各种材料的合理应用，进一步让水利渠道施工质量的提高，满足实际的需要。

第二节　渡槽施工

一、装配式渡槽施工

（一）构件的预制

1. 槽架的预制

槽架是渡槽的支承构件，为了便于吊装，一般选择靠近槽址的场地预制；制作的方式有地面立模和砖土胎模两种。

（1）地面立模。在平坦夯实的地面上用 1：3：8 的水泥、黏土、砂浆抹面，厚约 1cm，压抹光滑作为底模，立上侧模后就地浇制，拆模后，当强度达到 70％时，即可移出存放，以便重复利用场地。

（2）砖土胎模。其底模和侧模均采用砌砖或夯实土做成，与构件的接触面用水泥黏土砂浆抹面，并涂上脱模剂即可。使用土模应做好四周的排水工作。

高度在 15m 以上的排架，如受起重设备能力的限制，可以分段预制。吊装时，分段定位，用焊接固定接头，待槽身就位后，再浇二期混凝土。

2. 槽身的预制

为了便于预制后直接吊装，整体槽身预制宜在两排架之间或排架一侧进行。槽身的方向可以垂直或平行于渡槽的纵向轴线，根据吊装设备和方法而定。要避免因预制位置选择不当，而在起吊时发生摆动或冲击现象。

U 形薄壳梁式槽身的预制，有正置和反置两种浇筑方式。正置浇筑是槽口向上，优点是内模板拆除方便，吊装时不需翻身；但底部混凝土不易捣实，适用于大型渡槽或槽身不便翻身的工地。反置浇筑是槽口向下，优点是捣实较易，质量容易保证，且拆模快，用料少等；缺点是增加了翻身的工序。矩形槽身的预制，可以整体预制也可分块预制。中、小型工程，槽身预制可采用砖土材料制模。

3. 预应力构件的制造

在制造装配式梁、板及柱时采取预应力钢筋混凝土结构，不仅能提高混凝土的抗裂性与耐久性，减轻构件自重，并可节约钢筋 20％～40％。预应力就是在构件使用前，预先加一个力，使构件产生应力，以抵消构件使用时荷载产生相反的应力。制造预应力钢筋混凝土构件的方法很多，基本上分为先张法和后张法两大类。

（1）先张法。在浇筑混凝土之前，先将钢筋拉张固定，然后立模浇筑混凝土，等混凝土完成硬化后，去掉拉张设备或剪断钢筋，利用钢筋弹性收缩的作用通过钢筋与混凝土间的粘结力把压力传给混凝土，使混凝土产生预应力。

（2）后张法。后张法就是在混凝土浇好以后再张拉钢筋，这种方法是在设计配置预应力钢筋的部位，预先留出孔道，等到混凝土达到设计强度后，再穿入钢筋进行张拉，张拉锚固后，让混凝土获得压应力，并在孔道内灌浆，最后卸去锚固外面的张拉设备。

（二）梁式渡槽的吊装

装配式渡槽的吊装工作是渡槽施工中的主要环节。必须根据渡槽的型式、尺寸、构件重量、吊装设备能力、地形和自然条件、施工队伍的素质以及进度要求等因素，进行具体分析比较，选定快速简便、经济合理和安全可靠的吊装方案。

1. 槽架的吊装

槽架下部结构有支柱、横梁和整体排架等。槽架吊装通常有滑行法和旋转法两种。滑行法是用吊装机械将整个槽架滑行、竖直吊立地面，再对准并插入杯形基础的预留杯口中，先用木楔（或钢楔）临时固定，校正标高和平面位置后，再填充混凝土作永久固定。

旋转法是设旋转轴于架脚，槽架与基础铰接好后用吊装机械拉吊槽架顶部，使槽架旋转立于基础上。这种方法，比较省力，但基础杯口一侧需要有缺口，并预埋铰圈，槽架预制时，必须对准基础杯口缺口，槽架脚处亦应预埋铰圈。

2. 槽身的吊装

装配式渡槽槽身的吊装，基本上可分为两类，即起重设备架立于地面上吊装及起重设备架立于槽墩或槽身上吊装。

（1）起重设备架立于地面进行吊装。起重设备在地面上进行组装、拆除、工作比较便利、稳定和安全。其缺点是起吊高度大，因而增加了起重设备的高度；易受地形的限制，特别是在跨越河床水面时，架立和移动设备更为困难；适用于起吊高度不大和地形比较平坦的渡槽吊装工作。

①独脚扒杆抬吊。槽身重量和起吊高度不大时，采用二台或四台独脚扒杆抬吊。当槽身起吊到空中后，用副滑车组将枕头梁吊装在排架顶上。这种方法起重扒杆移行费时，吊装速度较慢。

②龙门架抬吊。龙门扒杆的顶部设有横梁和轨道，并装有行车。操作上使4台卷扬机提升速度相同，并用带蝴蝶铰的吊具，使槽身四吊点受力均匀，槽身平稳上升。横梁轨道顶面要有一定坡度，以便行车在自重作用下能顺坡下滑，从而使槽身平移在排架顶上降落就位。采用此法吊装渡槽者较多。

（2）起重设备架立于槽墩或槽身上吊装。起重设备架立在槽墩上或已安装好的槽身上进行吊装，不受地形的限制；起重设备的高度不大，降低了制造设备的费用。其缺点是起重设备的组装、拆除均为高空作业，较地面进行困难。有些吊装方法还使已架立的槽架产生很大的偏心荷载，必须加强槽架结构和基础，这类吊装方法的适应性强，在吊装渡槽工作中采用最广泛。

双人字扒杆吊装槽身法不设侧向缆风，起重杆为人字形，以增加吊装的稳定性。

二、案例工程简述

本工程渡槽为钢筋混凝土排架渡槽，长 72.14m，包括一段轴线 12m 长的弧状 U 型渠道及 5 跨槽身，跨度 12m。渡槽设计断面形式为 U 形，设计过流量为 3.05m³/s，加大流量为 3.965m³/s，设计水深为 1.36m，加大水深为 1.60m，底坡坡率 i=1/2000，糙率 n ≤ 0.015。

渡槽槽身、槽架、槽墩为 C25 混凝土，1#、2# 槽墩采用 7.5 浆砌石，槽架基础、渐变段及 U 型渠道采用 C20 混凝土，渡槽采用整体式支架施工。

（一）基础施工

1. 基础开挖及出渣

开挖前测量标示出开挖边线，人工清表。土方采用人工配合 1m³ 挖掘机翻渣，石方采用 YT28 手风钻自上而下分层钻爆，人工装药，毫秒微差挤压爆破，边坡光面爆破。

土石渣采用 1m³ 挖掘机挖装、20t 自卸汽车运输至弃渣场。

2. 槽墩浆砌石

（1）选材：实际施工选材中，要主要坚硬度，表面没有风化剥落层。石材表面整洁五水锈等杂质，颜色均匀，在物理力学指标上，符合国家施工规范，提升施工效率，为后续施工奠定基础。

（2）砌筑：在砌筑施工前，要注重砌体的外部条件，能够在砌筑时保持环境湿润，进行定位放样。砌筑主要通过挂线施工的形式，采用分段砌筑模式，在砌筑前在基础面铺设一层稠砂浆，厚度控制在 3 ~ 5cm，然后放置石块。

（3）勾缝：勾缝操作应在砌筑施工结束后，并间隔 24h，还有注意缝内的砂浆深度，如果超出规定范围，要及时刮去，并用水冲洗缝隙。清理工作后，要选择标号较高的砂浆进行填缝，保证勾缝砂浆的细砂和水灰比得到有效控制。勾缝应维持块石砌筑的模式，禁止使用勾假缝，凸缝。施工后的施工效果应美观、块石形态突出，拥有整洁的表面。

（4）养护：完成砌体养护后，需要用麻袋或是其他草覆盖，经常洒水养护，由此保持表面的湿润效果，更好地进行养护。养护时间一般控制在 5 — 7d，冬季要将洒水替换程麻袋覆盖保温，如果砌体没有达到要求强度，不能在其模具上任意堆放重物，或是进行石块修凿，防止这些操作产生震动，破坏砌体。

3. 固结灌浆

（1）定孔。首先对灌浆孔进行孔号编排，进行定点，再由钢卷尺将具体孔位现场标出。

（2）钻孔。钻孔灌浆必须在相应部位混凝土达到 50% 设计强度后，并确保不碰坏底座钢筋后方可开始。钻孔采用岩石电钻，孔径为 $\phi45mm$，孔位、孔向和孔深应满足要求，钻孔一次成孔，固结灌浆孔深度为入岩 5m。

（3）钻孔冲洗。在灌浆前采用压力水进行裂隙冲洗，冲洗水压采用灌浆压力的 80%，冲洗时间至回水变清为止。

（4）制浆。采用纯水泥浆，制浆的水泥用普通硅酸盐水泥，标号不低于 PO.42.5。

（5）水泥灌浆。固结灌浆采用全孔一次灌注，灌浆方式采用纯压式进行。固结灌浆孔初拟压力采用为 0.3MPa，可根据现场试验确定。

（6）封孔。封孔方式采用"机械压浆封孔法"或"压力灌浆封孔法"。

（7）灌浆质量检查。固结灌浆主要掌握时机，并控制孔数，掌握现场环境，一个支承墩处至少应布置一个检查孔。固结灌浆检查用压水试验，采用单点法，透水率 $q \leqslant 3Lu$ 即为合格。

4. 基础混凝土

基础混凝土主要为排架基础混凝土，采用组合钢模板，1#、4# 槽架基础各分一仓浇筑完成，2#、3# 槽架基础各分 4 仓浇筑完成，混凝土采用商品混凝土，拌制好的混凝土采用 $8.0m^3$ 搅拌车运输到施工作业面，根据现场实际情况，采用 25t 汽车吊入仓，插入式振捣器振捣密实。

（二）排架混凝土施工

1. 施工分仓分块

排架混凝土浇筑原则上按高程分 3.0m 一仓，第一根横梁与最后一根横梁各按实际高度单独为一仓，一次性浇筑完成。1#、4# 槽架各分 4 仓浇筑完成，2#、3# 槽架各分 5 仓浇筑完成。

排架四周用人工沿排架柱四周搭设钢管脚手架作为施工平台，平台上铺设 10cm 厚竹条板，并留出排架柱浇筑位置。

2. 模板施工

排架混凝土采用木模板，安装施工根据测量放线结果严格按设计图纸进行，误差控制在允许范围内。安装采用人工安装。

3. 钢筋制安装

钢筋先在钢筋加工厂按设计图要求加工成钢筋成品，然后运往浇筑现场安装。钢筋采用人工结合 25T 吊车安装。

4. 混凝土浇筑

混凝土浇筑前首先要对基础面进行检查和处理，根据监理工程师指示对油污、淤泥和杂物等进行清除。

混凝土采用商品混凝土，拌制好的混凝土采用 8.0m³ 搅拌车运输到施工作业面，根据现场实际情况，采用 25t 汽车吊入仓，人工平仓，插入式振捣器振捣密实。

5. 混凝土养护

混凝土浇筑完毕后，混凝土表面覆盖麻袋，定时安排作业人员进行喷湿养护。

（三）槽身混凝土施工

1. 钢筋施工

实际施工中，要选用合适的钢筋，然后根据施工流程与环境特点，进行搭配，从而体现配筋特性。施工规划需要提前一个月完成，然后按照种类、价格和直径进行比对。钢筋进场后，要完成钢筋的验收工作，能够随机抽取进行试验，通过检测保证质量符合施工规定。

2. 模板施工

本工程渡槽槽身结构为"U"型特殊结构，现浇槽身主要使用定型钢模板，以保证混凝土质量及外部轮廓尺寸，局部地方辅以少量小型木模板。槽身底模、外模和内模均使用定型钢模。模板安装采用 25t 吊车配合人工进行吊装。

3. 混凝土浇筑

（1）准备工作。模板检查：主要检查模板接缝是否严密，预埋件位置和数量是否符合图纸要求，支撑是否牢固和仓面内是否有其他垃圾。

钢筋检查：主要分析表面是否整洁，是否存有隐蔽处，做好完善。

机具和道路检查与准备：应做好振捣设备的检查和试验，然后顺畅运输。关于水电供应要由专人负责，避免水电供应突然中断，造成不好的影响。施工过程要了解气象情况，能够做好防雨防晒工作，并在夜间准备好照明灯具，实现多方面检查。保证安全与技术交底，人员分工顺利进行，组织活动发挥作用。

（2）混凝土搅拌运输。混凝土采用商品混凝土，拌制好的混凝土采用 8.0m3 搅拌车运输到施工作业面。

（3）混凝土入仓、整平、振捣。混凝土垂直运输采用 25t 吊车输送入仓，砼振捣主要采用插入式振捣器配合附着式振捣器进行振捣密实。

渡槽槽身混凝土一次浇筑成型，先浇筑底板，后浇筑槽身。浇筑混凝土前应清理仓面，不允许有杂物存在。

优先进行水泥砂浆的调配与铺设，然后再浇筑混凝土，从而实现整体性特点。两者时间间隔不能过程，保证槽身不受到外界影响。一般条件下，其混凝土槽身多为薄壳结构，结构断面比较小，由此要分层浇筑才可实现，并有效控制整体厚度。为了掌握安全性，还应降低对钢筋的波动与影响。

（4）混凝土养护。槽身砼浇筑完成后，按要求进行砼养护，砼的养护方式及养护时间按设计或规范要求进行。

（5）拆模。为防止混凝土裂缝和边棱破损，并满足局部强度要求，混凝土强度达到80%时，方可拆除侧模及内模。支架在混凝土强度达到95%设计强度后方可拆除，卸架时从跨中向两边卸架。

第六章　水闸结构的施工

第一节　水闸设计

水利工程中最为重要的一个组成部分就是水闸，常言道，堤防之险在于水闸，而水闸的危险主要来源于闸坝的基础，这是水闸设计时的重点，也是难点。因此，为了确保水闸结构的刚度和稳定性，必须做好其设计工作。

一、水闸的组成及水闸工程的特点

（一）上游连接段

水闸中上游连接段的作用是将水流平顺的引入到闸室内，并对上游的河床以及河岸形成保护，防止河岸会被冲刷，避免发生渗漏。上游连接段一般含有多个部分，例如铺盖具有防渗的作用，上游防冲槽能够对铺盖头形成保护，使其不受损坏，而两岸的翼墙主要能够确保水流能够平顺的进入闸孔，并在侧向起到防渗的作用。

（二）闸室

在水闸中起到挡水和泄水作用的主体部分则是闸室，一般包含有以下几个部分，第一，底板，其是闸室的基础，并能够承载闸室所有的荷载，可均匀的将荷载分散给地基；第二，闸墩，其作用是能够将闸孔、支撑闸门、工作桥和交通桥的上部结构分开；第三，闸门，其存在的作用则是能够阻挡并控制下泄的水流；第四，胸墙；第五，工作桥；第六，交通桥等。这其中占据重要地位的三个部分则是底板、闸墩和闸门，闸室段通常都是混凝土或者钢筋混凝土，也可以用浆砌料石结构进行小型水闸的施工。

（三）下游连接段

下游的连接段能够消耗一定的水能且对水流起到一定的扩散作用，使得出闸后的水流能够在消力池中形成水跃，从而达到消耗水能的目的，最终确保水流能够平顺地扩散开来，避免闸后的水流对坝体产生冲击力。下游连接段一般包含有以下几点，第一，下游翼墙护坦；第二，消力池；第三，海漫；第四，下游防冲槽，又称齿墙；第五，护坡；第六，护底等。在这其中下游防冲槽能够对海漫的末端形成保护，防止其被水流冲刷。

（四）水闸工作实质

水闸是具有双重工作特点的水工建筑，首先，其能够挡水，其次也能够泄水，在平原地区较为常见，值得注意的是，由于平原地区的覆盖层较厚，地基具有较大的压缩性，但不具有相应的抗滑能力，承载能力也较差，因此，做好闸的稳定设计很是重要。水闸主要是依靠闸门进行挡水的，并能够在闸的上下游形成一定的水头差，在这水头差的作用下，能够产生渗流并通过闸基及两岸，且在水闸的底部形成渗透压力，将水闸的有效重量抵消掉，而这很不利于闸室以及两岸连接建筑物的稳定，严重时还会发生有害的渗透变形，对水闸的安全形成了威胁。水闸在进行开闸泄水时，由于闸下没有水或者有较浅的水，且上下游存在很大的水头差，在其影响下，水流的速度会很快，经过闸门时，强大的水流会自带较大的能量，对下游进行冲刷，从而阻碍闸下耗能。同时，由于水闸上下游之间的水位差较大，因而很容易形成波状的水跃，使水能的效率也相应地降低了，并且水面波动还会不断地向下游延伸，冲刷着下游的河床以及河岸，从而对水闸的稳定和安全造成了一定的威胁。

二、水闸设计的现实意义及理论基础

通常情况下，水闸建设在河道、渠道、湖泊岸边，在关闭的时候，能够有效地确保上游取水，也能够给通行和航运带来很大的方便；在开启的时候，可以有效地调节下游水流量的供给和需求。所以作为水闸设计单位一定要制定出科学合理的方案，这样就可以保证水闸施工越来越规范。

水闸主要在由闸室、上游连接段和下游连接段组成的。其中闸室是整个水闸结构主体，它主要是有底板、闸门、闸墩几个部分组成，可以能够的连接上下游和两岸。但是闸室的各个结构的作用有很大的不同，底板主要是将闸室上部结构的重量以及荷载传送到地基，这样就可以很大的防止渗漏和冲击现象的产生；闸门主要是用来阻拦水流，这样就能够有效的控制过闸流量；闸墩主要是用来分隔闸孔，并且起到支承其他结构的作用。上游连接段主要是由冲槽、护坡、翼墙等几个部分组成的，它主要是用来指引水流和延长水流的流径，这样就能够保证两岸和闸基之间的渗透水流的抗渗稳定性。对于下流连接段，它主要是由护坡、翼墙、护坦等几个部分组成的，其目的是用来减少出闸水流，从而有效地避免水流过度，继而冲刷河床和岸坡。

三、水闸的选址原则

在水利工程中，对水闸进行设计时，选择水闸地址是否正确对于施工的质量具有非常重要的意义。对于已经完工的水闸工程，倘若其发生了质量和安全事故，主要是因为水闸地质的条件不够合理，或者在进行人工处理时，没有处理好，从而就造成水闸出现了渗透破坏、冲刷破坏的情况。所以在建设水闸的时候，对于地址的选择必须要安全、稳定，并且还要能够很好地满足水闸的使用要求、造价经济等条件。再次，水闸地址还要严格地按照水闸的地质、水文条件，选择比较好的天然地基，在一定的条件下，可以选择比较新鲜、完整的岩石地基。

四、水闸设计的原则

在水利工程中最为重要的一个组成部分就是水闸，且其跟其他的建筑相比，较为特殊，所以对其进行设计时常常会受到多方面因素的影响，主要有三方面，第一受施工条件的影响；第二受地质条件的影响；第三，受力条件的影响。所以要想做好水闸的设计工作，就要做好以下几方面的工作。

（一）选址原则

在建设水闸时，对工程的效益来说最为关键的一步就是水闸位置的选择，其对于水利工程所起的作用以及效益有着十分重要的影响。通常情况下，对水闸进行选址时，最先要对预建水闸周边的地质和水文条件进行仔细的考察，那些承载能力较强且抗剪能力较强的天然地基作为建闸首选，尤其要注意的是在进行处理时能够选择到新鲜且完整的岩石，并将其视为水利工程的地基，这样一来既避免在施工过程中出现加固地基的问题，也能更好地提高工程的效益，使得水闸的承载力、抗剪能力以及压缩性能有了很大的提高。假如在施工进行时，不能够很好地控制好地基，存在承载能力较弱的问题，最终容易导致水闸有事故发生。因此，在对水闸进行选址时，要对多方面的因素进行综合的考虑并分析，以便水闸的施工要求能够有所提高。

（二）做好地基处理工作

在如今的水利工程建设中，处理水闸的地基已成为一个重点施工环节了，通常来说在水利工程施工中，处理地基的方法有很多，而就现阶段的工程项目来说，对地基处理一般有以下几个主要目的：第一，能够进一步提高地基的承载能力，使得建筑工程更为稳定，且具有较强的承载力。第二，有利于处理好地基中不同的安全隐患问题，并将地基中的有害物质消除掉，防止地基发生沉降。第三，能够有效减少土壤中水分的含量，避免因为存在的渗漏隐患而使得地基发生变形，并最终导致地基出现滑移的隐患。现阶段，在我国水闸地基中常见的安全隐患有两方面，其一，承载力较低，其二，沉降严重。所以，在如今的一些工程项目中要想解决这两个问题，就要使用不同的技术手段：①垫层法；②替换法；③填充法；④灌浆法等。其中，由于垫层法和填充法在工程项目中不易受外界因素的影响，且对于地基处理有着较高的强度，所以这两种方法在处理水闸安全隐患方面最为常用且备受关注。

五、水闸消能防冲设计工作

在水闸中，还有一项较为重要的施工就是对消能防冲进行设计，其一般涉及较多的内容：①控制好工程的工况；②计算并控制好设施；③计算消力池的面积以及深度的控制要求；④计算河床冲刷的能力要求。通常在水闸设计时，水闸的消能防冲设计的主要依据来源于工况所需要的设计目标以及要求，这也是水闸选址时的一个重要参数和首要前提。如今的设计以及控制水闸的消能时，都是以工作中闸高的水位为基准，并及时的宣泄并排除多余的水量，且下游水位要求要选取最低值，该方法也是现阶段水闸施工中比较常见的一种方式，也是保证水闸工程能够正常工作的核心所在。在这样的一种工况下，闸门的初始开启度通常都是以消力池深度计算的主要控制因素，而在设计水闸泄水最大的洪水流置时，相应的下游水位要确保是最低的。对于闸上相关的最高蓄水位、闸下水位限值以及闸门初始的开启度等问题还需要进行更为深入的探讨，由于篇幅问题，本节就简要地对水闸的消能防冲的设计需要注意的两方面因素进行简要的探析。

（一）水文条件的变迁

由于在河网区建筑并联围，使得原来河网的分流条件发生了变化，从而导致主河道的水位逐渐壅高。此外，河道滩地上的码头、工厂、道路等对河道断面的桥墩造成了一定的占用，不但束窄了行洪断面，还使得河道原先的天然状况发生了改变，导致水流的边界条件发生了改变，糙率大大提高的同时，水位也就提高了。

（二）河道地形的变迁

通常而言，天然河道的水量会随季节的变化而变化，且含沙量也在不断地变化，而河床遭到冲刷的同时也会有一定的淤积，因而其始终处于动态平衡状态。如果在河道的上游建筑水库，不但对洪水形成了阻拦，还能够对洪峰进行削平，拦截泥砂。洪峰值处于最低时，则夹带的泥砂量较小，就会使得天然的动态平衡遭到破坏，而河道筑闸后，则更会加剧这种不平衡的问题的产生。

第二节　水闸主体结构施工

水闸是一种利用闸门挡水和控制泄水的水工建筑物，由上游连接段、闸室、下游连接三部分组成，如果管理不到位，施工方法不正确，经常会给工程带来较大的质量、安全隐患，本节通过水闸主体结构的施工方法结合作者长期以来的工作经验进行施工管理控制分析，可以使水闸工程施工质量得到有效控制。

一、施工前的准备工作

把施工前的准备工作做好是水闸施工过程中的第一步，很多施工单位和施工技术人员都不够重视，对施工过程中所发生的突发事件不知所措，施工前的准备工作主要包括：

（一）成立强有力的组织机构

组织机构主要包括施工组、技术组、机电组、检测组，要明确各组的施工任务、职责范围。施工组应为专业的施工队伍，主要完成土方开挖、混凝土的浇筑等施工任务，但其人员结构大部分来至农民工，技术含量低，因此每个施工步骤必须在技术组和检测组的技术指导下才能进行施工；技术组是组织机构的核心部门，负责施工放样、做好混凝土的配比、试块试压，规范水闸的安装规程、及时收集资料并归档等工作；检测组负责施工中的检测工作，以免出现因考虑不周在施工中出现问题；机电组负责闸门的安装和试压工作，闸门生产厂家必须有技术人员为该组成员。

（二）施工现场勘察与图纸会审相结合

图纸会审是水闸施工前必需的一道程序，由建设单位组织，施工、监理、设计单位共同参加，把设计中存在的问题和不太清楚的地方提出来，大家共同解决并加以说明。作为施工单位在图纸会审前对施工地点进行勘察，掌握水文、地质、地下管线、高程数据等是否与设计图纸相符合相当重要，以便在图纸会审中提出施工中可能会发生的问题，并阐述自己的观点，这对今后的设计变更和工程结算提供强有力的依据和保障。

（三）施工机械、器材准备

水闸的施工机械主要由土方开挖机械、混凝土施工机械、运输机械、吊装机械组成，施工机械一定要根据工程的规模、工程量的大小、施工场地进行合理选择；施工器材由施工仪器和施工材料组成，施工仪器主要由测量仪器和检测仪器组成，在施工前必须校核无误后才能使用；施工材料主要有水泥、碎石、河沙、金属构件及围堰材料，施工材料除有产品合格证外，在施工前将有关材料送检测单位进行检验，杜绝不合格材料进入施工现场。

二、水闸的开挖工程

水闸的开挖工程由于受到径流水的影响，比一般的开挖工程要困难、复杂得多，开挖断面过大，需要的混凝土越多，开挖断面过小，不但不能保证水闸的强度，有可能造成坍塌事故，给施工人员带来安全隐患，因此要做好水闸的开挖工程，必须做好以下三点。首先做好测量放样工作，把纵、横中轴线控制桩引至施工区外，至施工区边线不少10m；其次根据水文、地质条件做好围堰工程，尽量减少渗漏水给施工带来的影响；最后要有足够的防坍塌的材料，随时做好支撑挡墙，避免大体积塌方。

三、水闸底板施工技术

（一）平底板的施工

水闸平底板一般用结构缝、施工缝等将底板分成几块浇注。弯矩和最大剪力处分缝应避免在分块时发生，并应考虑建筑模板框架部分因素的变化。运输混凝土浇筑时，需要搭建错落有致的脚手架，在条件允许的情况下搭建活动跳板。水闸平板混凝土施工使用逐层浇筑的方法，当水闸底板厚度不够时，搅拌站的生产能力就要受到限制，这时就要采用台阶浇筑法。

浇筑混凝土时，一般先浇墙，然后从一端向另一端浇筑。当混凝土体积较大时，并且底板水流长度在 12m 内时，可以安排两个浇筑板在仓里，两个班同时浇注墙下游的齿墙，等到下游墙浇筑平，立即让第二班对上游齿墙进行浇筑，第一班仍对下游向上游齿墙进行浇筑。当第一班浇到底板中部时，第二班已使上游齿墙大致平坦，于是可立即转至下游浇第三坯；当第二班浇至底板中部时，第一班已经到达上游端，然后立即返回到下游开始浇筑第三坯。这样的浇筑方法，可以缩短每个坯的时间间隔，从而避免冷缝，提高了工程质量，加快了施工进度。

（二）反拱底板的施工

反拱板是超静定结构，对地基不均匀沉降敏感。因此，必须重视程序的施工。浇筑反拱底板通常采用以下两种施工工艺：其一方法是先浇筑闸墩和岸墙，后对反拱底板进行浇筑。为了减少水闸在重力作用下的不均匀沉降，改善底板的受力状态，施工时可先行浇筑自重大的岸墙及闸墩，并在控制基底不产生塑性开裂条件下，尽快均衡上升到顶部。岸墙还是要考虑将墙强夯至顶。以这种方式，可以使闸墩岸墙基础预压固结，接着浇反拱底板，从而改善底板受力状态，这个程序是目前广泛应用于反拱底板施工中较多的方法，在砂土地基或粘土效用也都很好。但对于砂质土壤，特别是在细砂地基，控制土模较难成型，尤其是靠近闸墩的拱脚部位，挖模尤为不易。所以，一般对反拱底板要求采用较平坦的矢跨比。其二方法是将闸墩岸墙与反拱底板进行同时浇筑。对于较好的水闸地基，可以采用反拱底板和墩墙一次浇筑的方法，待底板达到足够强度后，再在其上做岸墙和闸墩。该方法对反拱的应力状态是不好的，但却保证建筑的完整性，减少了施工过程，安排施工方便，是其良好的一面。在缺乏有效的排水措施的砂土地基，用这种方法可及早将基坑底部封闭，从而能给下一阶段的施工创造良好条件。

四、闸墩施工技术

闸墩高度大，厚度小，同时门槽钢筋较密，闸墩的相对位置要求严格。由于上述特点，闸墩立模和混凝土浇筑是在施工中存在的主要问题。

为了使闸墩混凝土浇筑能够达到设计标高，闸墩模板必须具有足够的强度和刚度。使用"对拉撑木"和"铁板螺栓"的立模支撑方法。"铁板螺栓、对拉撑木"的立模支撑，是在长期实践中发展来的一种比较成熟的方法。在立模前，应准备好固定模板的对销螺栓及空心钢管等；闸墩立模要求闸墩两侧模板要相对进行，首先立平直模板，然后立墩头模板。这种方法需要大量的木材（木模板）、钢材，施工过程是复杂的，但中小型水闸施工更加方便。

对闸墩浇筑混凝土时，为了保持各闸墩模板间的相互稳定和使底板受力均匀达到与设计条件相同，必须均衡上升每块底板上各闸墩的混凝土。所以，运送混凝土入仓时，组织好运料小车，使其同一时间内达到同一底板上各闸墩的混凝土量大致相同。否则某些闸墩送料较快、较多，而某些闸墩则较少，必然造成各闸墩间浇筑高差很大，使模板与底板受力不均，从而影啊工程质量。

五、止水设施的施工

为了适应地基的不均匀沉降和伸缩变形，在水闸设计中均设置沉降缝和温度缝，缝有铅直和水平的两种，缝宽一般为 1.0 ~ 2.0cm，缝中填料及为止水设施。

（一）填料的施工

沉降缝常用的填充料有沥青杉板、沥青油毛毡和泡沫板等多种。安装的方法主要两种，其一是将填充料用铁钉固定在模板内侧后，再浇筑混凝土，拆模后沉降缝可贴在混凝土上，然后立沉降缝另一侧的模板并浇筑混凝土；其二是先在缝的一侧立模浇筑混凝土，并在模板内侧预先钉好安装填充料的长钉，钉子的 1/3 留在混凝土的外面，然后安装填充料，敲弯铁尖使填料在混凝土上，在立另一侧模板和浇筑混凝土。值得注意的是，制作沥青杉板时，杉木板在加热的沥青槽内一定要浸泡透。

（二）止水缝部位的混凝土浇筑

常用的止水片有金属材料：紫铜片、不锈钢片、铝片；非金属材料有橡胶、塑料等。止水缝部位的混凝土浇筑应注意以下事项：第一、水平止水应在浇筑层的中间，在止水片的高程处，不得设置施工缝；第二、浇筑混凝土时，不得冲撞止水片，振捣器不得触及止水片，及时清理表面污垢；第三、固定止水片的模板应适当推迟拆模时间。

六、水闸门槽的施工

（一）平面闸门门槽的施工

在中小型平面水闸的施工中，闸墩部位都设有门槽，在门槽部分混凝土中埋有导轨铁件，导轨铁件的埋设可采用预埋及留槽后浇筑混凝土两种方法。在施工过程中应注意门槽垂直度的控制和二期混凝土的浇筑。

门槽垂直度的控制：门槽及导轨必须垂直无误。在立模及混凝土浇筑过程中应随时用吊锤进行校正。在模板顶端内侧钉一根大铁钉（铁钉端部外露1/3），把吊锤系在铁钉端部，待吊锤静止后，用钢尺量取上部与下部吊锤线至模板内侧的距离，如相等则该模板垂直，否则予以校正。

门槽二期混凝土的浇筑：门槽二期混凝土的浇筑时水闸导轨安装的重要工序，一旦有误达不到设计要求，必须拆除重建。导轨安装前要对基础螺栓进行校正，在安装过程中用锤球随时进行校正，使其铅直无误，导轨就位后即可立模浇筑二期混凝土。浇筑二期混凝土时必须采用高标号（不小 C30）细石混凝土，并细心捣固，不要伤及已装好的金属构件；不要直接从高处下料；门槽较高时，可分段安装和浇筑；拆模后，对埋件进行复测，并做好记录；要清理杂物，钢筋头，检查混凝土的表面尺寸。

（二）弧形闸门的导轨安装及二期混凝土浇筑

弧形闸门的启闭是绕水平轴转动，不设门槽，在闸门的两侧设置转轮或滑块，也有导轨的安装及二期混凝土施工。在浇筑闸墩，根据导轨的设计位置预留 20cm×80cm 的凹槽，槽内埋设两排钢筋用以焊接固定导轨；设立垂直闸墩侧面易控制导轨安装垂直度的若干控制点；导轨位置和垂直度要多次校核无误后，焊接牢固，最后浇筑二期混凝土。

水闸作为水利工程中的重点建筑物工程，其施工管理应该得到足够的重视，这关系到工程的安全性和是否利于运行。本节通过对水闸主体结构施工方法分析，对水闸的安装具有可借鉴的意义。

第三节　水闸中砼施工技术

水利工程施工中，水闸使用是很广泛的，水闸的底板部位想严密的合拢不出问题是业界的一个难题，长期的困扰着从业人员，一直没有得到很好地解决措施。如果解决不好就会给工程带来隐患从而危害工程质量，因此在开始设计水闸的时候就要考虑到底板部位是否设计合理。水闸底板的设置要根据水闸附近的地形、地貌、地质现状和水文、管理因素及施工条件等方面考虑，进行认真的研究合理的布局。

一、水闸底板砼的配料

砼从字面来分析是一个会意字，由石头的石与人和工作的工字组成。从字面可以看出该字的意思是人工制造的石头。工程中一般制造砼是用石子、砂子和水泥，再用水将其搅和成一团而形成，根据不同的用途，这些材质需要按照一定的比例进行配置，再经过硬化就可做成人工的石材。水泥是制造砼必备的物质，它能将石子和砂子胶结凝固成一体，就类似我们平时所用的黏胶一样，将不同物质胶结成一体。水泥在水的帮助下将石子和砂子凝固成一体，当然它也可以帮其他的材料，如沥青、石膏和合成树脂等，将它们用水泥凝聚成适用不同方面的混凝土，也就是我们说的砼制品。那么砼怎么来分类呢？可以按照砼的容重大小，将其分为普通的混凝土、重质混凝土和轻质混凝土。也可按照其标号大小来区分，分为低标号混凝土、高标号混凝土和超高标号混凝土等。这些砼制品有很多优点，可以按照我们工程需要的意愿浇筑成不同性质、不同用途和各种各样的混凝土构件。这些构件都具有耐久性能良好与抗压强度很好的等特征。

在水闸中施工中，对于砼制品在使用前要校核、保养，并进行精确的计量，水闸底板砼的配料误差必须在 ±2% 以内，其辅料配比误差在 ±1% 以内。除去粉煤灰、砂石、水等用控制计量系统自动控制外，对于减水剂需要用天平称量而后装袋使用。根据工地现场的试验室提供施工配料表单的要求来进行配料，机械搅拌时料斗投料的顺序一般是这样的。先加碎石，后加水泥、减水剂、粉煤灰，最后加砂和水，砼搅拌时间从投料完毕组成材料，在搅拌机内延续搅拌时间不得少于 2 分钟，掺入抗裂防渗纤维砼搅拌时间不得少于 2.5 分钟。

搅拌完后，混凝土出料时要时刻测定其搅拌物的温度、搅拌质量和观察坍落度，绝不允许把生料进行输送，以确保砼浇筑的质量。在水利工程中，一般其闸的底板仓面比较大，因此对砼的需求量就比较多，可以采用输送泵来输送砼。砼管安装的时候不要直接支撑在钢筋、模板或预埋件上面，每隔一段距离就要用钢管支架固定，管道卡箍的位置不要有漏气或漏浆的现象出现，泵管尽量不用弯管或软管，不要出现堵塞管道的现象，以确保砼能顺利出料。砼泵输送前要用清水湿润管壁，而后拌制 1 比 2 的水泥砂浆润滑砼泵和输送管的内壁，其润滑材料要分散布料。

砼浇筑过程中，前场和后场均须布置管理人员随时指挥协调。现场可用对讲机联系来控制砼浇筑速度及拆布管时间，以确保砼整个浇筑过程紧张、连续、有序地进行。同时要安排专人测定砼入仓温度、坍落度，并留置规定制取的试压块组数。砼浇筑前，要保证仓内无杂物，模板、钢筋、预埋件符合规范要求，一切准备工作就绪，并做好质量自检记录。经现场监理验收后方可进行浇筑。底板浇筑前要在仓面平均划分施工区域，砼浇筑自西向东、由远而近。砼按一定厚度、顺序、方向分层进行，上下层之间的砼浇筑间歇时间不得超过砼初凝时间。开始布料，两管同时进行，采取"斜面分层"法施工。振捣砼应从浇筑层的下端开始，逐渐上移，以保证砼施工质量，在底层砼初凝前安排一台泵进行面层防渗抗裂砼施工。砼灌筑后用插入式振动器振捣，振捣时与砼表面垂直，操作时做到快插慢拔，上下略为抽动，插点均匀排列，逐点移动，顺序进行，不得遗漏，使砼达到均匀振实。插入式振动器在每一插点上的振捣时间以砼表面呈水平而且水泥浆不再出现气泡为准。

二、水闸底板外部环境的控制

水泥底板在制作的过程中，由于水泥与水混合时会释放出大量的水化热量，搁置 1 至 3 天后可以释放出 50% 的热量，当砼达到最高的温度后，随后会随着热量的散发开始出现降温，直至与外部环境温度一样。底板为大体积砼，热量传递的同时更易在内部积存，导致了内部温度高于外部温度，内部出现峰值温度。升温阶段结束后，是散热阶段。内外砼散热条件不同，外部砼和外界环境接触，散热条件好，热量容易散发，内部砼散热条件差，于是在降温阶段又造成了外部砼温度低于内部砼温度。这样在升温和降温阶段都使底板内外砼形成了同一方向的温度梯度。导致了其变形的不一致。内部膨胀受到外部的限制，或相应地外部收缩受到内部约束，于是在外部砼中产生了拉应力。当外部砼拉应力达到其极限拉应力，裂缝就会产生。裂缝初期很细，随着时间发展继续扩大、变深，甚至贯穿。除了砼水化引起的温度作用外，运行期环境温度变化也会产生作用。特别是遇到寒潮袭击、表面温降特别大时，裂缝发展更为严重。从以上分析可以看出，影响内外温差的主要因素有砼水泥用量、水泥品种、浇筑入模温度及环境温度等。

三、水闸底板结构制作中的控制技术

前面分析了砼制作过程中外部环境因素，下面详细描述在水闸底板结构制作中的控制技术。一般在砼底板制作过程中是可以出现裂缝的，但是裂缝允许的宽带不得超过 0.3 毫米，否则会出现质量问题。对待水闸底板结构制作砼的裂缝问题上，提出限制与允许的两种方法。变形变化引起的约束应力首先要求结构所处的环境能给结构以变形的机会，即变形得到满足，则不会产生约束应力。一般说来，对于限制原则，必须有足够的强度储备；采取允许原则，必须有充分的变形余地。现在一般认为，砼建筑物不出现裂缝是不可能的，或是很困难的。防止裂缝出现，在材料、设计、施工、运行和维护等方面均有一定的研究，但还不够完善或效果不是十分明显。在水工结构工程中，以限制原则为主，力求工程各部位都不裂缝。

第七章　水利工程建设

第一节　水利工程建设对生态环境的影响

随着时代的发展，我国的自然资源正在不断地被消耗，过度的消耗资源将会使我国人民的生活质量下降，不利于我国社会的发展的。因此政府积极主导和鼓励各种有利于资源利用的工程项目的营造，水利工程作为我国最主要的资源利用工程应当重视工程与自然之间的关系。然而当前的生态理念在水利设计中的应用存在着诸多的问题，这些问题需要水利设计人员寻找合适的方式进行解决，只有这样才能发挥出水利工程的最大作用。

一、水生态环境系统的现状

在地球的生态系统当中，水生态系统是非常重要的一个组成部分，同时也是关键性的一个部分。水生态系统对人类社会的生产和发展有着直接性的影响，是人类赖以生存的一个生态系统。水生态系统本身是一个有机的统一体，地表水、地下水、毗邻的土地、渗漏、草原、名胜古迹和人工设施等都是其中重要的组成部分。在水生态系统当中，水是核心部分，在此之外会涉及自然和人工因素在其中的相互作用和影响，从而会对人类社会的生产以及相应的发展带来深远性的影响。在人类的生存和发展过程当中，只有水生态系统能够处在正常的状态当中，水生态环境的和谐性和稳定性突出，那么人类社会才能得到基本的保障。随着水利工程的建设和开展，一些原本存在的水量、能量、生态平衡等都受到了严重的破坏，从而出现了新的平衡关系。

二、设计中坚持生态理念的特点

（一）自然性

进行水利工程设计时应该坚持自然性的理念。这主要是由于只有自然性才与我国生态可持续发展理念相吻合。在水利工程建设的初始阶段，需要根据拟建场地的自然环境进行因地制宜的建设，尽量减少工程建设对自然环境产生的损害，确保水利工程建设能够与自然生态环境协调发展。所以人们需要加强对建设场地的考察工作，深入正常做好勘察，充分掌握该地区的水文地质条件以及生态环境和自然气候条件等，从而制定出科学的设计方案，最大程度上降低生态环境的影响，确保水利工程建设具有自然性。

（二）需求性

众所周知，水利工程建设属于基础设施建设，是重要的民生工程，而建设的目的就是为了满足社会生产生活的需求，所以在设计过程中必须满足工程的实用性。例如：在进行水利工程建设时，不仅能够满足人们的生活用水需要以及农业灌溉需要，还可以进行防洪抗灾以及蓄水发电，所以在建设之初，必须对水利工程进行合理的定位，确保其实用性，符合社会生产发展的要求。

三、对生态环境的影响

（一）对土壤的影响

水利水电工程对土壤的影响是一把双刃剑。一方面农田可以通过水库的建设得到保护，远离冲刷、淹没的危险；同时，土壤中的水分和养分结构会因为对天然径流、地表径流的拦截而得到调节。而另一方面被水体浸没的土壤所含有的生物量和种类减少，土壤肥源减少；相对的，土壤地下水位拔高，或降低，容易造成周边区域土壤的沼泽化、盐碱化程度严重。

（二）对水环境的影响

对人类生存中的水环境来说，它会受到各个方面因素的影响，水利工程就是其中的一个方面。首先，水利工程的建设和开展使水流的速度被改变。因为在施工的过程当中，工程会产生截流的作用，导致靠近坝址段的水流流速不断地加快。在运行当中，一般上游的水面会加宽，从而使水的流速变慢，而下游的水本身又会受到水库所产生的调节作用影响。在丰水的时期当中，下泄的水量会慢慢地减少，从而导致水的流速降低；如果是在枯水期，水量就会明显地增大，那么水的流速也会明显地加快。其次，水利工程的建设和开展不可避免对水文条件产生影响。如水库在修建之后，水位会抬高，从而水的动力条件也会发生改变。再者，水利工程的建设会对水质造成影响。

（三）对地质环境的影响

对水利工程来说，它的建设会对周围的地质环境造成影响，这对水生态环境的发展来说是不利的。根据人们的相关的调查可以发现，地震的发生在一定程度上会受到水利工程建设的影响。水库诱发地震的强度会受到水库蓄水深度的影响。一般来说，蓄水的深度越深，那么地震发生的可能性就会越大。当蓄水的深度到达了一定的限度，人们就不应该继续加高大坝的高度，因为容易使大坝崩塌或者在洪水来临的时候出现决堤，淹没农田和房子，给人们带来经济方面的损失和安全方面的威胁。因此，人们在修建水利工程的时候，要做好充分地准备工作，详细地对周围的地质状况进行勘察，尽量避免地震灾害的发生。

四、解决对策

（一）设计者要注重自身能力的提高

水利设计者的能力是保障水利设计的关键，只有拥有先进设计理念的水利设计者才能保障在水利工程中融入生态理念。因此提高水利设计者的能力是相当的重要的，水利部门的管理人员应当认识到这一点，要投入精力和物力加强对于水利设计人员的培训工作。在具体的培训的过程中除了要让他们拥有极高的专业水平之外，还要让他们拥有在水利设计中融入生态理念的意识。除了做好培训工作之外，水利部门还应当招募大批的具有生态保护理念的水利工程设计师们进入水利部门进行工作，从而让水利部门的水利工程设计队伍的实力得到加强，保障今后的水利设计中融入生态理念。

（二）做好堤岸建设

在水利工程建设过程中，另一个重点就是堤岸建设工作，因此在进行堤岸建设施也需要融入生态理念。首先需要对当地的经济发展状况进行科学的评估，还要充分了解当地的生态环境问题，从而采取有效措施，对生态环境进行有效的保护。在建设堤岸过程中，需要在最大程度保护生态系统的基础上，进行建设施工，尽量减少对生态系统造成的破坏，与此同时，还需要保证工程质量和工期。所以在建设前需要做好堤岸设计工作，在设计过程中参考周边生态环境，做好实地考察，将水文条件以及气候环境的勘测，掌握相关的资料数据，把保护自然环境融入堤岸建设设计过程中，在确保堤岸建设质量和安全的同时，增强自然保护性。

综上所述，水利工程的建设对水生态系统存在的影响一直是人们研究和关注的重点。在这样的背景下，寻找其中的联系并对影响展开分析，可以有效地解决我国水生态系统的优化建设问题。当前我国的水生态环境系统状况并不乐观，存在着很多生态环境方面的问题，对自然环境和社会环境都有影响。因此，人们需要把握其中关键的地方，寻找解决的措施，推动水利工程的建设能够和水生态环境系统的建设共存。

第二节　水利工程建设质量控制

水利工程作为国家重要的基础产业，是国民经济社会发展的生命线。水利工程的质量安全与沿岸地区居民切身利益息息相关，对当地经济社会的持续健康发展和群众生命财产安全具有重要的意义。水利项目多依靠大江大河建设，一旦发生意外事故，可能出现难以预料的后果。结合我国工程建设过程中出现的主要质量问题，行业主管部门制定了一系列的质量控制规范，同时实行重大工程建设质量责任终身负责制。但是，受我国质量监督的实际情况限制，水利工程质量控制与管理过程中存在一系列的问题，可能影响施工期的工程建设安全以及工程的使用寿命。本节在分析水利工程建设质量管理存在问题的基础上，探讨了优化质量管理措施，对促进水利工程的质量监督管理体系健康运行具有重要的指导意义。

一、质量控制体系存在的问题

（一）水利工程质量控制体系

水利工程质量控制主要根据国家的相关法律法规，对工程施工期和运营期的质量进行监督和控制，一般由水利主管部门或者其他相关部门负责组织对工程质量的检查评估工作；但是水利工程施工周期较长、建设环节复杂，并且大量水利工程处于偏远山区或农村地区，应需要结合工程所在地的实际情况，由政府部门和具有一定资质要求的第三方评估单位共同参与水利工程的质量监督管理工作。根据水利工程质量管理条例的相关要求，建设、勘察、设计、施工、监理单位都具有明确的权利和义务，工程建设的各方主体需承担相应的质量责任，确保水利工程的质量监督管理体系健康运行。

（二）存在的主要问题

1.缺乏统一的质量监督管理系统

水利工程受工程建设地区和流域范围的限制，各地区质量控制管理的发展程度差别较大，没有统一的工程建设质量管理体系和相互协调系统；同时，水利工程监督管理过程中存在职责划分不清，机构性质不明等问题，政府管理过程中注重行政管理，缺少有效的过程监督，是水利工程质量监督管理过程中亟须解决的问题。

2.质量管理法律法规不完善、执行力度不到位

我国工程建设的质量管理主要由建设部、交通部、水利部等行业主管部门分专业管理，主要根据《中华人民共和国建筑法》相关条款开展相关工作；针对水利工程建设专业性、可操作性的相关法律需要进一步完善。水利工程建设质量和监督管理体系有效运作过程中存在执行困难的问题，尤其小型水利工程建设过程中，受到建设经费的限制，可能出现质量监督管理工作无法正常开展的局面。

目前，水利工程质量管理机构成员无编制、缺经费、仪器设备落后现象普遍存在，影响质量管理的成效。同时，水利工程建设存在多种形式的投资模式，各投资主体按照自己的需要建立了工程质量监督机构，使得水利质量监督管理部门变为单纯的管理部门，不能有效的履行监督职责。

3. 人员技术培训力度不够

水利工程技术人员素质直接关系工程建设的质量，现阶段大部分现场施工人员以民工为主，缺乏专业的技术培训，施工经验较少，造成施工建设过程中质量监督管理的重点区域不能得到有效控制；工程现场管理力度不够，缺乏完善的质量保障体系，个别小型企业存在挂靠现象，施工现场技术人员和工程师配置不足，质量监督管理网络不完善，造成工程建设现场管理混乱，容易出现低级错误，需要加大水利工程技术人员的培训力度。

二、优化质量管理措施

水利工程质量监督管理是确保工程建设项目顺利开展的关键，应根据《中华人民共和国建筑法》和国务院《建设工程管理条例》等相关国家法律、法规，同时借鉴国外行业和发达国家管理经验，探讨优化质量管理措施。

（一）水利工程监督管理的基本原则

水利工程监督管理应以保证工程的安全使用为最终目的，依据相关的法律法规对工程进行有效控制；水利工程监督管理过程中应以政府为主导，委托有资质的第三方机构进行全过程监督管理，定期对工程质量进行检测评估；施工过程中应实行强制性施工许可制度和验收制度，对工程的地基基础、主体结构、周边环境等质量目标进行有效的监督管理；竣工验收应严格按照国家的相关法律法规，执行完备的工程档案管理制度。

（二）优化质量管理措施探讨

1. 健全水利工程质量监督管理法律法规体系

水利工程质量监督管理过程中应以现行的相关法律法规为基础，结合工程建设的实际情况，逐步形成系统的质量管理体系，为水利工程质量安全提供可靠的法律保障。参照国外相关质量监督管理体系，建立法律、法规和技术规范3个层次的质量管理体系，法律、法规作为政府管理审批的依据，技术规范是工程勘察、设计及施工单位的技术依据，逐步完善水利工程建设与管理市场的法律约束体系。

针对水利工程建设市场的现状，积极配合行业主管部门修订《水利工程质量管理相关规定》，结合质量监督过程中存在的问题，考虑行业主管、勘察、设计和施工单位的基本需求，建设符合实际的、操作性强的质量监督管理法律体系。

2. 完善质量监督管理系统

政府作为水利工程建设与管理的主体，应本着公开、公正、公平的原则，组织有资质的质量检测评估机构对工程质量进行全过程的监督管理。建立完善的水利工程建设质量管理体制，适应水利工程建设投资多样性需求；结合各地区、流域存在的主要问题，制定有针对性的质量监督管理的工作导则，对水利工程质量进行全过程的监督与控制；大型工必须委托有资质的第三方专业检测评估机构对工程质量进行有效评估，形成全面的质量检测报告，满足水利工程的专业多、工期长等相关要求。

3. 建设水利工程质量信用评价制度

质量信用是设计、施工单位发展的生命线，是企业遵守国家法律法规体系，达到工程的使用周期和寿命的要求，政府主管部门、建设单位、行业相关企事业单位给予的综合评价。水利工程建设质量信用体系需要依托国家信用体系和水利工程行业信用子体系，建立工程施工期、使用期质量信用自律和信用风险防范体系，通过行业协会，建立水利工程建设质量控制平台，针对不同的需求发布有针对性的信用报告。

水利工程质量信用评价体系需进一步加快质量信用征信制度建设，记录企业工程建设过程中大量的真实可靠信息，改善水利工程建设原本封闭和分散的信用状况，使得企业信用体系公开化、透明化，通过有资质的评价机构发布信用报告，给市场和业主提供可靠的参考依据。依托程建设质量信用评价体系，进一步规范水利工程建设单位的主体行为，建立有效的信用等级评价制度与奖惩措施，定期对相关企业进行考评，只有满足信用等级要求的企业才能承担工程建设任务。

水利工程质量安全与沿岸居民切身利益息息相关，是国家经济社会发展的生命线。针对我国工程建设过程中出现的质量监督管理系统不统一、质量管理法规建设不完善、执行力度不到位等一系列问题，对优化质量管理措施进行了探讨，提出健全质量管理法律法规体系、完善质量管理体制、建设质量信用评价体系等措施，促进水利工程的质量监督管理体系的健康运行。

第八章　水利工程建设项目环境监理

第一节　水利工程建设项目环境监理概念和特点

一、水利工程建设项目环境监理内涵与外延

（一）水利工程建设项目

建设项目，一般指根据一个总体设计进行施工，将大量人力、物力和财力在一定的时间、空间、质量和费用范围内有序地组织建设，最终成为具有完整系统和使用价值或独立生产能力的总体。根据水利工程建设项目全过程管理理念，一个水利工程建设项目的生命周期可以分为以下三个阶段：

第一阶段：前期准备阶段，主要包括对水利工程建设项目进行相应的规划和部署；

第二阶段：项目实施阶段，主要指根据准备阶段进行的规划，有组织地投入项目要素，实现具体项目目标。

第三阶段：项目终结阶段，主要包括对整个水利工程建设项目工作进行总结和收尾。

（二）水利工程建设项目环境监理

参考 2012 年 1 月环保部下发的《关于进一步推进水利工程建设项目环境监理试点工作的通知》以及国内外其他环境监理方面的研究，本节对水利工程建设项目环境监理做出如下定义：

水利工程建设项目环境监理是指社会化、专业化的环境监理单位受建设单位委托和授权，依据国家相关环境保护、工程建设法律法规和国家批准的工程项目建设文件、水利工程建设项目环评及其批复文件、环境监理合同等，确保水利工程建设项目各项环保措施的全面落实，为水利工程建设项目提供专业的环境保护咨询和技术支持。水利工程建设项目环境监理是我国目前和今后加强水利工程建设项目环境保护工作的必要措施，开展水利工程建设项目环境监理工作能够推进水利工程建设项目良性发展，实现水利工程建设项目环境影响最小化、经济和环境效益最大化。

（三）水利工程建设项目环境监理的主要工作对象

1. 自然环境

主要包括水利工程建设项目区域内及可影响范围内的大气、水、噪声、土壤、固废、生态等自然环境。

2. 社会环境

主要包括所有参建方工作人员以及水利工程建设项目区域内和可影响范围内的居民、工作者的身体健康等社会环境。

（四）水利工程建设项目环境监理的主要工作内容

1. 环保工程设施监理

指监督和检查施工单位在整个项目建设中环保设施的落实情况。具体包括：出现环境问题时是否及时采取环境污染治理措施、是否按照水利工程建设项目环境影响评价及其批复的要求建设环境风险防范措施、是否根据水利工程建设项目环境保护"三同时"制度要求落实各项污染治理工程的工艺、规模和进度等。

2. 环保质量达标监理

指监督并确保水利工程建设项目施工过程中的环境质量达到国家和当地环境保护部门的有关要求。具体包括：根据水利工程建设项目环境影响评价文件和生态保护要求，控制项目建设区域及可影响范围内的大气、水、噪声、土壤、固废以及生态环境各项指标在规定允许范围之内；保障参建方工作人员以及水利工程建设项目区域内和可影响范围内的居民、工作者的身体健康。

（五）水利工程建设项目环境监理工作原则

环境监理工作原则主要包括：

①严格遵守国家环保法律法规；

②遵循生态环境保护基本原理；

③环境监理工作目的明确，注重实效；

④采取的环保措施具有一定超前性；

⑤坚持预防为主，控制为辅，实施功能补偿；

⑥对生态敏感区工作重点强化。

（六）水利工程建设项目全过程环境监理体系

现阶段我国环境监理工作主要停留在建设施工阶段，与准备阶段的环境影响评价和终结阶段的环境保护验收相互割裂，缺乏对项目建设全过程的监督和管理。为了更好地实现水利工程建设项目工程效益与环境效益的双赢，本节建议我国加快建立水利工程建设项目全过程环境管理体系。水利工程建设项目全过程环境监理体系主要指从水利工程建设项目的规划设计、建设施工、竣工验收、试运行到总结评价各个阶段，所有涉及生态环境保护的各项环境管理工作。

开展水利工程建设项目全过程环境监理的作用在于：首先通过将项目确定、项目设计、项目施工、竣工验收以及项目试运营五个阶段紧密结合，真正实现水利工程建设项目全过程全方位的环境管理；其次全面落实水利工程建设项目环保"三同时"制度、环境影响评价制度和环保验收制度，真正将水利工程建设项目环境保护工作落到实处；最后使水利工程建设项目环境监理工作凭借独立环境监理工作团队开展，提高各参建方的环保参与意识，为日后环境监理工作的深入开展起到推动作用。

二、开展环境监理的水利工程建设项目

由于我国水利工程建设项目环境监理工作尚处于试点阶段，并非所有水利工程建设项目都必须开展环境监理。根据国家相关法律法规和参考部分地方政策制度，符合如下条件的水利工程建设项目必须进行环境监理：

（1）《国家重点水利工程建设项目管理办法》中列入的国家级重点建设的工程项目；

（2）对社会发展、国民经济建设以及生态环境产成重大影响大骨干项目；

（3）国家或地方政府强制规定开展环境监理的水利工程建设项目；

（4）国家规定实行工程监理的生态环境保护项目；

（5）政府环保部门根据环境影响报告书或报告表内容批复要求进行环境监理的水利工程建设项目。

此外，一些在施工时间较长，同时在施工期对环境造成较大污染或对生态产生严重破坏的工业类和生态类水利工程建设项目，也应开展环境监理工作。

第二节　水利工程建设项目环境监理组织管理体系构建

水利工程建设项目环境监理组织管理体系是水利工程建设项目全过程环境监理体系的重要组成部分，也是水利工程建设项目施工期环境监理实施的组织基础和结构保障。

一、水利工程建设项目环境监理单位

（一）环境监理单位的资质与经营

水利工程建设项目环境监理单位一般指以承担水利工程建设项目环境监理工作为主

业，具有环境监理相关等级资质和法人资格的企业或组织。水利工程建设项目环境监理单位可以是专门从事水利工程建设项目环境监理工作的独立的企业单位，如水利工程建设项目环境监理公司、工程环境监理事务所等，也可以是具有环境监理资质的和法人资格的企业单位下设的专门从事环境监理工作的二级部门，如科研单位的工程环境监理办公室、环境监理部等。

1.水利工程建设项目环境监理单位的资质

监理资质是环境监理单位的技术能力、经验水平和规模信誉的保障。其中，环境监理的技术能力主要反映了环境监理单位监理水利工程建设项目的规模和复杂程度两方面的能力；环境监理的经验水平是指环境监理单位的环境监理水平，该水平是通过经过其实施环境监理后的整个水利工程建设项目在环境、生态与工程质量、进度与投资等方面成果综合体现的；规模信誉是指环境监理单位所能承担的水利工程建设项目规模及其信誉。由于目前我国环境监理尚处于起步阶段，尚未对环境监理单位执行资质管理。因此，本节提出环境监理单位资质要素，为我国环境监理资质管理提供参考。

环境监理单位资质管理要素主要包括以下5个方面：

①环境监理人员的素质和技术水平

②环境监理人员专业配套水平

③环境监理单位技术装备水平

④环境监理单位企业管理水平

⑤环境监理单位经验技术水平

2.水利工程建设项目环境监理单位的经营范围

通过参考工程监理单位，水利工程建设项目环境监理单位作为一家企业经营的基本准则，可以定为"守法"、"诚信"、"科学"和"公正"。管理办法也可参照其他企业，重点抓好成本管理、质量管理和资金管理三个方面。水利工程建设项目环境监理单位的主要经营内容是为建设单位提供整个设计到试运行阶段的环境监理，目前我国环境监理单位的经营范围主要包括以下两方面的内容：

（1）准备阶段

准备阶段环境监理单位需参加水利工程建设项目招标工作。我国水利工程建设项目招标工作主要由建设单位负责组织，有时也可由建设单位委托其他招标咨询公司进行代理，或委托环境监理单位参加水利工程建设项目招标工作。在招投标阶段，环境监理单位应参与组织招标工作、编制相关文件、签订招标有关的合同；环境监理人员应熟悉国内外水利工程建设项目招标有关规定和程序，同时具备相关经济学、法律和技术等方面的知识。

（2）施工阶段

施工阶段环境监理单位应协助编写开工报告、审查施工单位的施工组织设计、技术方案等是否存在环境隐患并提出整改意见、协调各参建方之间的工作、监督工程环境安全防护措施是否到位、监督建设过程中环境指标是否达标、协助整合文件和技术档案资料、参与完成工程初步验收、撰写竣工验收报告和审查工程结算等。

（二）环境监理单位人员配置

目前环境监理单位从业人员配置情况，按照工作内容的差异可以分为专职型环境监理人员和兼职型环境监理人员。

（三）环境监理机构的组织形式

水利工程建设项目环境监理机构的组织形式是指水利工程建设项目环境监理机构针对不同水利工程建设项目特点、组织模式建设单位委托任务以及环境监理单位自身情况所具体采用的组织结构形式。目前，水利工程建设项目环境监理机构组织形式通常可以分为四种：直线式、职能式、直线职能结合式以及矩阵式组织形式。

1. 直线式

直线式环境监理组织形式可以分为横向结构和纵向结构两种形式，其最大特点是整个水利工程建设项目环境监理机构隶属关系十分明确，任何下级都能够接受唯一上级的指令，职责分明。

当环境监理单位同时承担若干小规模水利工程建设项目，或承担水利工程建设项目可以划分为若干相对独立的子项目时，可以采用横向结构形式。由总监理工程师负责对各个分项目组进行统筹规划和指导，各分项目组负责人在分别独立控制分项目目标，现场环境监理工作则由各分项目内环境监理工程师指导专项环境监理组工作人员完成。

当承担的水利工程建设项目工期较长，各阶段工作相对独立时，可以采用纵向结构形式。将水利工程建设项目按照施工阶段划分成若干分项目组，再由总监理工程师对各阶段工作进行指挥和协调。

总的来说，直线式环境监理组织形式具有结构简单，权力集中，决策迅速、职责分明、隶属关系明确等特点，但是对总监理工程师要求较高，需通晓各方面业务知识和专业技能。

2. 职能式

职能式环境监理组织形式指水利工程建设项目环境监理工作由监理机构的各个职能部门联合承担，所有职能部门人员可以直接在本职能范围内指挥分项目组工作。

职能式组织形式主要适用于大、中型水利工程建设项目，具有较高的工作效率，能够充分发挥环境监理职能机构的作用，从而减轻总监理工程师的负担。但是职能式环境监理组织形式中项目组人员同时受到不同上级职能部门的管理，一旦各职能部门指令产生矛盾，会使项目组工作无所适从。

3. 直线职能结合式

直线职能结合式环境监理组织形式是将直线式与职能式两种组织形式结合起来产生的

一种环境监理组织形式。

在直线职能结合式环境监理组织形式中，同时存在直线式分项目组和职能部门。其中，分项目组可以直接对现场专项环境监理工作进行指挥和管理，并承担相关责任；而职能部门只可以对分项目组和现场专项监理工作进行监督和指导，不能直接发号施令。

直线职能式环境监理组织形式，同时具有直线式与职能式两种形式的优点，如上下级直线式指挥，全职分明以及专业化的目标管理；但是该种形式下决策速度较慢，职能部门与分项目指挥部之间易产生矛盾，不利于现场环境监理工作的开展。

4. 矩阵式

矩阵式环境监理组织形式将直线式和职能式两种组织形式结合在一起，由直线式分项目组构成矩阵横向，职能式系统构成矩阵纵向形成的矩阵型组织机构形式。

矩阵式环境监理组织形式的优点是横向可以加强监理机构各职能部门之间的联系，纵向可以使各分项组目相对独立管理，形成上下左右、集权分权的最优结合，非常利于复杂问题的解决和对环境监理人员工作能力的培养。但是，矩阵式形式下增加了职能部门和分项目组之间的协调工作，容易造成权责不清等问题。

总的来说，以上四种环境监理组织形式可以基本适用于我国现阶段环境监理工作。在开展具体水利工程建设项目环境监理工作之前，环境监理单位应根据水利工程建设项目实际情况、环境监理资金储备以及监理人才层次水平选择合适的环境监理组织形式。

二、改进型双轨制环境监理模式及特点

现存的 3 种环境监理管理模式虽在降低水利工程建设项目对环境的影响中都发挥了重要的作用，但是还没有充分发挥环境监理自身应有的作用。首先，在独立式和包含式环境监理模式下，当水利工程建设项目的工程质量、施工进度与环境影响产生矛盾时，环境监理人员往往无法进行有效协调，导致环境监理一方被迫单方面妥协，为工程质量或施工进度做出让步。双轨制环境监理模式虽然同时具备独立式环境监理模式和包含式环境监理模式的优点，并在从业人员主观能动性发挥、监理责任制等方面具有一定优势，但由于由两个单位临时组成的联合体，易造成两个单位从各自的利益出发进行工程监理和环境监理，尤其在意见产生分歧时尤为突出，对项目的工程和环境质量造成重大影响。其次，现存环境监理公司大多缺乏专业的环境监测人员和环境监测仪器，开展环境监测工作时还需委托其他监测单位，增加监理过程中各单位之间的协调难度。因此，本节根据现阶段环境监理工作开展的实际情况，结合 2 种环境监理人员类型对双轨制环境监理模式进行改进，提出适宜于水利项目的新型环境监理模式，即改进型双轨制环境监理模式。

在改进型双轨制环境监理模式下，形成了一种集工程监理、环境监理和环境监测于一体的全方位监理咨询公司（以下简称新型监理公司）。建设单位只需将水利工程建设项目的所有监理工作委托给新型监理公司，将所有施工工作发包给施工单位，并与政府环保部

门对新型监理公司进行监督即可。新型监理公司的核心是环境和工程保障管理中心，主要由总监理工程师办公室、工程监理部门、环境监理部门的环境监测部门构成。其中，工程监理部门、环境监理部门和环境监测部门分别直接负责水利工程建设项目的工程监理、环境监理和环境监测工作，当各部门之间工作产生交叉或意见有所分歧时，可分别直接上报给总监理工程师办公室，由总监理工程师办公室进行裁决和协调。总监理工程师办公室也可以行使建设单位权力，直接对施工单位下达整改指令。

第三节　水利工程建设项目环境监理操作内容体系构建

目前，我国尚未对环境监理具体工作内容和操作方法做出明确规定，各省环境监理单位都在根据实际环境监理试点项目对此加以探索。本章对现阶段环境监理具体工作内容和程序进行梳理，为环境监理操作规范化提供参考。

一、准备阶段环境监理

水利工程建设项目准备阶段，通常指施工单位、工程监理单位和环境监理单位真是开展水利工程建设项目施工前，环境监理单位进行人员调配、设备调试和材料安置的准备阶段。

环境监理单位在准备阶段可以通过审查文件资料以及考察施工现场的方式开展环境监理工作。

1. 审查文件资料

保证设计文件、工程合同、招投标文件、以及施工组织方案设计中的环保措施完善可行。如存在问题，应及时指出，并提供合理改进建议。

2. 考察施工现场

通过现场实地考察，确定水利工程建设项目及其周边环境敏感点与环评报告书中指出的是否一致，了解当地水文、气候及地质情况，找出潜在的环境危害因素，为后续有针对性地开展环境监理工作奠定基础。

在准备阶段，环境监理工作重点应放在以下六个方面：

（1）由于生态环境保护存在较强的专业性，设计单位往往对水利工程建设项目环保措施落实情况和生态恢复资金方面考虑欠佳，因此环境监理人员应认真核对各项资料，审查投资预算，将发现问题及时上报，确保环保措施的落实和环保资金就位。

（2）主动与建设单位代表交流，明确建设单位对环境监理工作的定位，包括资金投入、监理工期、环保目标以及工作方式。在了解其意图的同时，设法与应达到的环境监理目标进行比较，尽量说服建设单位提高环境监理工作的深度和广度。

（3）总的来说，水利工程建设项目生态环境保护目标是通过施工单位来有效实现的，建设单位和环境监理单位只是起到一定的约束作用。因此，环境监理单位应监建立有效的环境保障体系，使施工单位能够自觉、主动地履行环保合同内容。针对环保意识薄弱的施工单位，环境监理单位应对其工作人员进行环保知识培训，并介绍相关环境监理工作程序和工作法。

（4）现阶段，对于建设单位和施工单位来说，水利工程建设项目环境保护和生态恢复工作是生疏的。为了使水利工程建设项目环境监理工作充分开展，环境监理人员应在准备阶段对建设单位和施工单位相关工作人员进行环保知识培训，增强他们的环保意识。

（5）环境监理人员应在准备阶段严格审查工程开工报告中环保措施的落实，从源头上保证相关措施执行的可行性以及资金落实情况。

（6）建设单位往往对水利工程建设项目环境保护的工作范围、工作深度和可能存在的环境风险理解不足。因此环境监理单位应结合环境风险指标、环境监理投资和管理等因素选择合适的环境监理模式。

2. 准备阶段环境监理工作程序

尽管环境影响评价报告中已经对水利工程建设项目施工过程中可能存在的环境影响及相关预防措施有所提及，但在实际建设中，往往由于设计变更、环评报告遗漏、或其他地质、气候方面原因导致环境敏感点发生变化，因此环境监理机构应及时对水利工程建设项目中实际存在或潜在的环境敏感问题进行识别和分析，并提出相应解决办法或减缓措施。

施工准备阶段，环境监理人员应按照合同规定的时间入驻施工现场，针对不同水利工程建设项目，建立具体工作组织体系和实施方案，并明确相应责任。在各级环境监理人员职责范围内，建立与建设单位和施工单位的渠道和工作程序。

此外，环境监理人员在技术上应熟悉合同文件、设计文件、环评报告及批复、环境监理技术规范以及施工现场的工作环境。保证后续环境监理工作的有效开展。

二、施工阶段环境监理

不同类型的水利工程建设项目，会对生态环境造成不同的影响。水利工程建设项目施工阶段是环境监理工作的重中之重。项目建设绝大部分的环境影响和生态破坏，都是在施工阶段产生的。施工阶段的环境保护工作主要由施工单位人员完成，环境监理人员只是起到从旁监督和协助管理段作用。

由于施工阶段，环境监理单位需要与建设单位、施工单位、设计单位、环境监测单位、工程监理单位以及政府环保部门密切接触、彼此协作，依照环境监理方案和实施细则认真开展环境监理工作，因此施工阶段的环境监理工作具有接触单位众多，工作内容繁杂的特点。

（一）施工阶段环境监理工作内容

施工阶段环境监理工作方法包括识别环境影响因素、进行现场环境监测、对施工单位收取环境保证金和环境保留金、罚款、支付控制以及环境保险、旁站和巡查监理以及对环境监理情况及时做出书面总结。

施工阶段环境监理工作内容主要包括环保工程建设监理和环保质量达标监理。环保工程建设监理主要指控制整个水利工程建设项目绿化、植被恢复和水土保持等各项环保工程建设的质量、进度和投资情况。环保质量达标监理主要指通过对主要污染因子的定期和不定期监测，控制水利工程建设项目废水、废气、扬尘、固废、噪声、景观破坏和水土流失等因素对水利工程建设项目及其周边环境的影响。其中，环境监理人员应重点应关注以下几方面内容：

（1）工程开挖、敷设、填埋和施工车辆作业对土壤环境的破坏和侵蚀；

（2）施工占地作业或清理农作物时对生物量和植被覆盖率的削弱；

（3）施工对水利工程建设项目周边生物、微生物群落及其生境地点的破坏；

（4）施工噪声对水利工程建设项目内部及周边人类和野生动物活动的干扰；

（5）施工对水利工程建设项目周边水源、水生生物活动及其生境的污染；

（6）施工阶段临时安置原住民时对新安置环境产生的影响。

施工阶段环境监理人员还需要在符合水利工程建设项目资金投入、施工质量和进度等条件的前提下，通过落实环保配套工程设备和装置、环境监测手段、环评报告书及相关批复文件中要求采用的生态保护办法保证水利工程建设项目环境污染的防范、生态影响方案和环保设施资金的落实。

此外，为了减轻环境监理人员的负担，提高全社会环境保护意识，环境监理单位也可让公众参与进来，为环境保护贡献力量。良好的公众参与能够减轻环境监理人员的工作负担，有利于施工单位对环保措施的落实，也能够增强全社会的环保意识，促进环境监理工作的深入开展。

（二）施工阶段环境监理工作程序

水利工程建设项目施工阶段是环境监理工作完全开展的工作阶段，施工阶段的环境监理工作是紧紧围绕工程施工进度进行的。在实际工作中，环境监理单位需要与建设单位、施工单位、设计单位、工程监理单位以及政府环保部门密切接触、彼此协作，依照环境监理方案和实施细则认真开展环境监理工作。

三、验收试运行阶段环境监理

就目前而言，环境监理工作一般在水利工程建设项目竣工交付后即可停止。而许多水利工程建设项目在验收试运行阶段，依然存在许多环境隐患，如汽车尾气、路面二次扬尘、交通噪声等。为了减少验收试运行阶段的环境问题，同样应开展水利工程建设项目环境监理工作。

（1）监理手段方面，为了保证竣工后的水利工程建设项目符合既定环保标准的规定和保证建设过程中受到破坏或污染的环境要素得到有效的修复，环境监测力度增大。

（2）工作内容方面，环境监理单位与设计单位施工单位的交流减少，工作重点放在环境监理信息总结和评价方面。

（一）验收试运行阶段环境监理工作内容

在这一阶段，环境监理单位应重点关注水利工程建设项目永久占地后造成的生态结构和系统功能的变化，包括项目建成后对土壤环境改善和植被修复两个方面。

1.土壤环境改善

试运营期间对突然环境的破坏形式主要为废水、固废的随意排放。环境监理人员应加强土壤环境指标的监测，控制生活垃圾、工业重金属、污水等对土壤造成的侵蚀。

2.植被修复

在施工阶段，往往会破坏或去除影响施工工作的植被；发生事故时，泄露的废油、废气也会对建设范围内部及周边的植被产生不良影响。因此在试运行阶段，环境监理单位应注重对地表植被带复原。

（二）验收试运行阶段环境监理工作程序

验收试运行阶段，环境监理人员的主要工作是参与建设单位组织的环境保护初步验收工作、政府环保部门组织的环保工程竣工验收工作以及上交环境监理相关竣工报告等文件资料。

第九章 水利水电工程施工招标投标

第一节 水利工程施工招投标流程管理

水是一种人类在生活和生产中都不可缺少的珍贵资源，但是自然存在状态下的水资源并不完全符合人类的需要，为了解决这个问题，水利工程便应运而生。水利工程的修建，可以达到控制水流，防洪涝，对水量进行调节和分配从而满足人民生活和生产对水资源的需要的目的，其作为一项对国民生活起着举足轻重作用的民生工程，重要性不言而喻。水利工程施工招投标作为水利水电工程建造管理中的一项重要制度，理应引起相关重视。

一、水利水电工程招投标的过程

（一）选定标的物发出招标邀请

在水利水电工程建设发出招标邀请的过程中，务必要确保受邀的主体能够满足水利水电工程建设的施工要求，尤其是在资质与经济实力方面，决不能存在任何的偏差。除此之外，招标人在选择中标企业的过程中，要根据该项目所需的技术特点以及管理特征等方面来制定科学合理的招标方案，以便对项目的建设方向以及水利水电工程建设所要求的相关资质进行明确规定。如此一来，投标人在明确水利水电工程建设施工内容、施工范围以及资质要求等方面的内容以后，便可根据自身的实际情况以及招标合同条款中的相关内容选择是否参与竞标活动。

（二）投标文件的编制、送达

通常情况下，水利水电工程建设的投标文件主要由技术型文件与商务型文件两大部分组成，投标人在正式竞标前，需要根据招标文件中的相关内容，自身对水利水电工程建设现场的实地考察情况以及近期的气候状况等因素，衡量自身中标的可能性，并以此为依据来编制投标文件。

（三）评标小组现场开标评标

为了在招标工作中选择最为适合此次工程项目的施工企业，水利水电工程建设的招标方通常会成立专门负责评标工作的小组，小组成员主要是由水利工程方面的专家以及具有相关资质的工作人员组成。在实际的竞标过程中，投标人会将投标文件直接交予评标小组来进行评判。在此过程中，无论是投标方还是水利水电工程建设招标工作的主管单位，不得对评标小组的评判进行干预，确保竞标过程中的公平、公正、公开。

（四）确定中标人，按照法律程序签订工程承包合同

在所有参与投标的投标人交付投标文件之后，评标小组会根据水利水电工程建设的实际需求，选择最为适合的投标方案作为中标方案，并且该方案的投标人必须具备相关的资质与条件。在投标人中标后，评标小组应将中标的信息在媒体上进行公示，确保此次评标工作的公平、公正、公开。此外，投标人在中标后，需按照相应的法律程序与中标人签订工程建设承包合同，通过法律的手段来约束中标人的相关行为，从而明确双方的责任与义务。

二、水利工程施工招投标中存在的问题

（一）招标文件中编制数额的不科学

根据我国事业单位部门普遍实行管理制度，对于招标活动的管理和监督是由不同部门来负责。这种多部门的管理方式有利于相关部门在其专业领域上发挥自己的特长，提高管理的专业性和准确性。但事物普遍具有两面性，同时它也带来了弊端，即多部门之间不容易统一协调和管理，容易产生各种各样的混乱和矛盾。在这样混乱管理环境中，有些地方和单位由于没有足够的建设资金而没有根据国家制定的预算定额编制标底，最终会导致一开始设定的投资额会很大程度上高于标底价。除此之外，在编制标底时，有些地区资源有限找不到有资格的单位和有专业能力的专家来制定编写标底，导致编制出来的标底是毫无参考价值。

（二）对参加招投标的施工企业资格审查不严格，存在着虚假中标和违规分包的情况

由于有部分的建设单位对施工企业的资格审查不严格，最终使那些严格意义上讲不符合施工资质的施工单位中标，导致了高资质投标，低资质中标，此外，让那些没有施工资质和能力的施工单位中标，会给它提供通过工程谋取私利的机会。那些不具有相关资质的施工单位一旦中标，就立刻倒手转包或者将其私自外包给其他未经过建设单位审核的第三人，更严重的是甚至于出现二次转包、分包的恶劣情况。在经过一两次换手之后，事实上用于工程建设的资金会不断消减，并且由于建设单位对真正的施工单位失去有效的监管和控制的能力，导致工程项目在施工期间质量不达标，对工程安全使用埋下了一个较大的隐患。虽然目前云南等部分地区已经实行电子化招投标，打造"阳光交易"平台，有效地避免违标、串标现象的出现，但对于还未开展电子化招投标的地区而言，这种现象还是依旧

存在的。

（三）招投标制度的落实和监管上存在较大问题

招投标法虽说已出台，但是其相关的一些配套措施是要在不断具体实践运用中慢慢建立的，所以现行的招标法可能只是一个大致的框架不是太完善，这种情况致使有些地方的单位部门在具体实施过程中按照自己的需求来制定，这是一种很不规范的情况。在监管上的问题主要集中在监督缺乏力度上，这种情况的形成主要有两方面的因素：①施工单位的相关人员对纪检监察部门的监督看成一种束缚，人类心理上一般是不喜欢别人监督自己的，因此具有一定的抵触情绪。②把纪检监察部门的监督看作是一种形式，认为只是走个过场而不去认真地对待，在开标前才临时通知纪检监察部门人员参加，把其监督看作是麻烦和一套程序。此外，因为相关法规监督的制度存在着滞后的状况，很多的配套规定只标出不允许做的事情，却没有提及违反了应该如何处罚或虽有处罚规定但尺度难于把控，这无疑为招投标工作增添了许多可以钻空子的漏洞。

三、水利工程施工招投标流程管理的策

（一）理顺水利水电建设工程招投标管理体制

各级别的水利水电行政主管部门应该统一成立水利水电建设工程招投标管理委员会（或机构），下设办公室和依照需要设置水利、水电、水产、防洪、水保、供水、灌溉、除涝、地勘等若干专业工程招投标领导小组，既有统一的领导也顾及不同专业领域部门的需要。招投标工作的日常监管、指导、协调管理工作由委员会统一负责，此外，一些重大事项需要委员会审核才能通过，如投标程序、专家评审小组组成、评标、定标办法的确定、评标方式的选择等。相关部门应严格按照国家的规定，秉承公平、公正、公开、择优、科学、诚信的原则对水利水电基础设施项目的勘测设计、施工监理和主要设备材料采购进行公开招标。此外，作为招标单位及招标代理公司也应加强学习，严格按照《招投标法》及其相关文件的要求编制招标文件的内容，保证招标文件的科学性和规范性。

（二）学习国外先进经验，形成无标底招标，实行低价中标

通过对国外水利水电工程招投标管理成功案例的研究，我国应学习吸取其成功的经验，逐步形成无标底招标，实行低价中标，即在招投标过程中不设标底，而是从广大众多投标人的投标书中经评标小组从最低报价的投标开始评起，从低到高，逐一评标，在经过评标小组多方考虑综合之后选出技术先进、方案可行、报价最低者中标，性价比最高者中标。这一方法有利于解决评标过程中标底不确定和不科学的问题，同时也有利于体现市场经济公平竞争的原则，有利于维护正常的市场经济秩序。与此同时，水利工程委员会要制定《水利工程建设招投标价格管理规定》，明确规定出在水利工程招投标实施过程中，标底、投

标价、评标、定标、签订合同价及合同价款的调整变化、结算等各个环节工程价格的计算规则，理清工程建设期间发生工程投资价格纠纷的处理方法，还要严格贯彻落实水利水电工程建设市场竞争过程中出现不正当行为时相应的惩罚措施。

（三）完善招投标的相关法律体系，加强监管与监督

在现行招投标法律的基础上，健全各项规定，把着重点放在水利水电重点建设项目招投标法律法规建设上，与此同时还要紧扣住目前工程建造技术水平，逐步细化招投标相关标准，改进评标方式，争取减少乃至于避免人为因素对招投标制度实行的影响，除此外，进一步增强法律法规的可操作性、无偿性、强制性的规定和条例制定的力度，努力做到有法可依，杜绝钻法律漏洞的行为。对于水利水电工程建设项目的勘察设计、施工规划、材料采购、设备安装等施工过程都必须严格依照国家颁布的《招投标法》进行公开招标，秉承公平、公正、公开、择优、科学、诚信的原则。对于那些不能按照法律规定进行招标或者不符合招标规定的项目，不能得到开工建设的许可。在监督监管上，水利行业主管部门应加强对施工单位的监管，公证部门参与监督，确保整个流程的公正、公平性，真正做到有法可依，有法必依，执法必严，违法必究。

水利水电招投标根据公开、公正、公平的市场经济原则规范着工程建设方、施工方、监督方等行为，有利于让最优资源发挥出最优效益，水利水电的工程质量也可以达到最优，工程造价达到最合理，有效保证工程施工工作，充分利用国家资金、惠及民生。社会主义社会市场经济体制的实施要求水利水电工程实行招投标制度，这一制度有利于工程项目走向规范化合理化。相关法律法规的制定使相关部门做到有法可依，有利于保证施工建设按照程序顺利进行。

在当前国家着重大力发展水利事业的情势下，必须对水利水电工程的招投标工作重视起来，用创新的思维方式将这份工作做好，这其中招投标交易制度起着巨大的作用，因此，进一步加强水利水电工程招投标管理相关研究非常有必要，理应引起重视。

第二节　水利水电工程建设招投标管理

招投标管理同水利水电工程建设有莫大联系，其不仅是保证水利水电工程建设工作有序开展的基础，也是节省施工成本的关键。基于此，相关单位需给予招投标管理高度重视，促使招投标管理效率达到最佳，为保证水利水电工程经济效益与整体质量做铺垫。本节主要阐述水利水电工程建设招投标管理，具体如下。

一、水利水电工程建设招投标存在的问题

（一）制度不够完善，多个招投标管理部分同在

当前，我国很少有水行政主管部门针对水利水电工程构建招投标管理组织。造成其状况的主要原因：一是工程管理单位不仅是工程建设单位，还是工程招投标监管单位，有双重身份；二是部分工程管理单位对招投标工作开展监管力度不足，导致其具有较强的随意性，欠缺该有的公平性、公正性；三是监督工作不到位。招投标工作多半是领导定规则，招投标小组实际操作。一些监管人员到场，只是为了证明满足法律程序，导致该设置形同虚设。

（二）招标原则准确性有待加强，相关程序亟待优化

根据相关标准，招投标工作务必要遵守"公平、公正、公开"的原则。但我国水利水电建设工程在实际招投标中，并未依据该原则进行，约束招标、规避招标等行为时常出现，导致地方保护及行业垄断的现象严重。

（三）一味追求低报价，对资质把控力度不足

因水利水电工程招投标竞争较激烈、缺少成本价限制、利益驱使等多重因素影响，在机制不完整、法律不健全的状况下，投标人时常采用不正当的手段恶性竞标，致使低价低质的问题屡见不鲜。另外，因招标单位一味追求低报价，对中标方资质把控力度不足，导致违法分包或是转包的现象十分严重。

（四）相关规章制度欠缺，监督制度存在较强的滞后性

我国的招投标法已颁布很多年，当初该条法律制定所处的环境与当前有很大不同，在具体招投标中所采用的制度多半是由水利单位自行构建的，这些制度因制作人员的自身因素导致所构建的制度存在一定不足，具备的可行性不强。

二、水利水电工程建设招投标优化措施

（一）整合招投标管理制度

水行政主管部门针对水利水电工程建构统一的招投标管理机构，下设办公室与依据实际所需布设水利、水电等多个专业招标小组。委员需对招标工作中的指导、监管等工作进行统一管理；对于重大事项需要经过投标委员会同意，如投标程序、评标方式、评审小组组建等。对于水利水电工程的施工监理、材料采购以及勘测设计等，都需要进行公开招标，严格依据国家相关规定执行，展现"公平、公正、公开"的原则。

（二）优化招投标法律体系，全面落实招投标法律

在现行招投标法律的前提下，加大对各项规定优化力度，需注重水利水电重点工程招投标法律构建，同当前工程建设技术发展状况相结合，对招投标评标标准进行细化，优化评标方式，尽可能地降低甚至防止人为因素对水利水电工程建设招投标工作的影响。特别要增强相关法律发挥的无偿性与可行性，杜绝法律法规自身含有的问题，真正实现有法可依，有章可循。另外，水利水电工程的施工规划、勘察设计以及材料购入等流程都需要依据招投标法进行公开招标，并严格遵循"公平、公正、公开"的招投标原则，对没有依据相关法律规定的招投标或是同招投标规定不符的工程，不批准施工建设，保证有法必依。

（三）开展无标底招标，实施低价中标

通过对发达国家水利水电工程建设招投标管理研究，我国水利水电工程的招投标需逐渐实现无标底招标，低价中标，其根本就是在招投标中不设置标底，而是从诸多投标人的投标书中，由评标小组选出报价最低的投标开始评审，由低往高推，逐一评审，最终通过评标小组全面探讨，选出投标方案可行性较强、技术先进且报价相对较低方中标者，进而优化评标中标底浮动和不合理的问题，另外保证水利水电建设市场内部公平竞争，确保建设市场秩序。除此之外，水利水电工程的主管单位需要制定与招投标相关的价格管理规定，确定水利水电工程建设招投标过程中评标、定标、标底价、签订合同价等变动调整等各阶段价格计算原则，明晰水利水电工程建设过程中工程投资价格矛盾处理方法，大力落实对工程建设招投标中出现违法行为的惩罚方法。

（四）加大对招投标文件审核力度，保证合同实效性

水利水电工程建设单位若是想要利用招投标的方式选择施工单位，务必要在多种条件成熟下再展开招标工作。因招标文件的审核对水利水电工程的整体造价、质量以及进程都有影响，所以，当招标人把招标文件上交以后，需对招标文件进行全面分析，特别是对有关设计费用方面的内容进行细致分析。

一是需在招标人中间对水利水电工程施工内容、施工所需的技术、材料等进行明确规定，避免出现模糊不清的词汇，阻碍合同顺利落实；二是需对水利水电工程的工程量清单进行仔细审核，并着重对清单内的施工图审核，防止错记、重复登记的现象发生。三是对投入工程的工作人员以及设备进行严格要求，进而便于施工管理。四是需明确设计变更与索赔原则，降低不必要的资金风险。

（五）选择恰当的主材供应方式，保证工程效益

在水利水电工程建设中，主要材料的投资占比一般占据整体投资的70%左右，由此可以看出，主要材料的投资对水利水电工程建设造成的影响之大。目前主材供应一般分为承包人与业主供应两种方式，需建设单位依据工程具体状况去选择。业主所提供的主材可

以对其来源进行有效控制，保证材料质量满足工程建设实质性需求，还能保障主材价格为市价，便于在招标中把控价格，以免出现报价失衡的现象，但是因此会使水利水电的报价上升，而建设单位需要承担材料采购与保管风险。而承包人自购的方式能够让业主的风险与管理任务转嫁给承包人，由他们对主材的质量负责，如若出现问题，一切损失皆由承包人担负，但此种会使建设单位在材料质量与价格管理上处于被动的状态，务必要接受来自于承包人的报价。

综上所述，招投标管理水平的提升，不仅有助于我国水电水利工程项目施工质量的提高，还有助于我国人民生活质量的有效提升。因此，在未来的发展过程中，我国相关部门要继续重视招投标管理工作的重要性，从而建设一支高素质水平的招投标管理队伍，使其协助相关部门有效的管理招投标工作中存在的不法行为，提倡公平竞争。

第十章　水利水电工程质量管理

第一节　水利水电工程施工质量管理

水利水电工程是我国的基础产业和设施,其工程质量关系着整个经济社会发展。因此工程施工企业的施工技术和施工管理水平,关系重大。水利水电工程施工质量管理是整个工程管理中最重要的一环,其决定着整个水利水电工程建设的成功与否。

一、水利水电工程的施工特点

水利水电工程建设项目通常具有投资规模大、工程量大、周期长、工程技术复杂、技术工种多、施工强度高等特点,其主要包括枢纽建设、水工建筑物基础处理、水工大坝工程、机电设备安装、水工金属结构制作与安装、堤防工程和河湖整治等。水利水电工程的施工情况复杂,其主要施工特点如下:

(1)水利水电工程往往多处于偏远山区,基础交通条件差,经济社会发展水平低下,人们文化水平较低,动迁移民工作难做。在水利水电工程的施工过程中,经常要在河道、湖泊、沿海等水域施工,往往要进行大规模的施工导流和水下作业,施工过程受地质、地形、水文等诸多条件影响。

(2)水利水电工程需要承担大规模蓄水和泄水任务,因此,水工建筑物在承压、抗冲、防渗、抗冻等诸多方面都有特殊要求,工程质量和技术要求较高,需要严格按照相关技术规范,采取特种施工方法进行施工,才能保障工程质量。

(3)水利水电工程的地基工程处理至关重要,由于水工程往往处于比较复杂的地质条件之上,因此,地基处理需要采用特种施工处理,才能不留隐患。

(4)水利水电工程涉及大型水利水电设备安装施工,需要确保各种设备的安装准确到位,与建筑融为一体。

二、水利水电工程施工管理问题

(一)为了提高水利水电工程的施工效益,很多水利企业制定了工程质量管理目标,但是有些企业并没有将施工质量管理口号真正落实到实处,其工程质量管理目标缺乏科学性、规范性的设计，导致管理目标制定过程中的盲目性，难以落实好工程质量的相关建设标准。工程建设完毕后，其工程质量得不到有效性的保证，难以满足现阶段工程质量管理工作的要求，出现了一系列的豆腐渣工程，不利于促进地区基础经济建设的发展，不利于维护人民生命财产安全，造成国家巨大的资源浪费状况。

水利水电系统比较复杂，其涉及的专业非常多，再加上外界各种复杂环境条件的影响，水利工程的施工质量监督及管理容易出现问题：有的企业缺乏健全的监督管理制度，工作人员难以落实好相关的工程施工标准，导致实际施工与作业指导书的要求产生了差异，产生了一系列的违章操作状况，难以满足现阶段施工规范的要求；有的施工单位不能做好施工监督目标的制定工作，难以实现施工质量的有效性管理，不能如期完成工作指标。

（二）国家是水利水电工程建设的重要投资者，国有资本是施工单位投资体系的重要组成部分，区别于普通的民营企业，这些国家投资的施工企业具备良好的工程资源，其工程技术、工程设备比较先进。但随着市场经济体制的不断改革，水利施工质量管理的理念不断发展改变，然而有些施工企业仍然采用传统的施工质量管理理念，这已经不能满足现阶段经济建设发展的要求。另外，有些企业的质量管理机制比较落后，各部门之间的管理责任划分不明确，难以实现建设程序的有效性管理，工程质量难以保障。

施工人员是水利工程施工的关键要素，施工队伍整体素质的高低，对工程的施工质量起着十分重要的作用。但由于水利水电工程项目，尤其是大中型项目，施工程序繁多，涉及的施工人员众多，不同施工程序间的联系也十分复杂，如果不能做好施工模块的监督管理工作，在施工过程中就容易出现各种各样的质量问题。

三、水利水电工程施工质量管理方法

（一）水利水电工程包括线型工程和典型工程，涉及的建筑物种类繁多，投资主体和投资形式也多种多样，因而必须要有一套完整的质量管理系统对其进行控制，才能使水利工程满足安全性、适用性、经济性的要求。这就要求施工质量管理单位要遵循国家与水利工程施工管理有关的法律法规，以及与所建的水利工程有关的规范、标准，在确保水利工程质量的同时，使工程同时满足经济性、美观性的要求。为了达到这一目标，也需要管理单位在施工质量管理过程中，协调好施工准备环节、建设实施环节以及竣工验收环节之间的关系，并采用先进的质量管理方案，实现对整个施工环节的有效性管理，为工程施工质量的全面达标打下坚实的基础。

有时在对工程进行施工质量管理的过程中，需要对现行的施工质量管理体系进行必要的补充和完善，以使项目法人责任制、建设监理制能够更好地发挥作用，保证业主、监理、施工等各参建方均能按照相关规范及合同的规定，落实好各自的责任。在实际施工过程中，各参建方有关人员也均有权利向质量监督部门进行工程质量问题的反映。

（二）如果想保证水利水电工程的施工质量，就必须健全施工质量检查体系，实现质量管理机构内部组织的协调，全面建设质量管理机制。工程准备阶段，要做好施工组织环节及设计单位的技术交底工作的全面检查；工程竣工后，及时做好质量验收及签证工作。在施工过程中，施工单位需要全面强化质量管理工作，优化质量保证方案，做好岗位质量规范的制定及完善工作，实现质量责任制度的健全。在这个过程中，施工质量管理单位需要提升质量保证体系的应用效率，落实好相关的工作质量责任及考核方法，实现质量责任制度的强化及落实，落实好三检制的相关工作要求，实现工程质量的全过程管理及控制。

（三）建设单位的项目法人需要承担工程质量管理的相关责任；在监理单位、施工单位、设计单位中的工程相关人员需要按照合同规定，做好工程责任的落实工作；相关的质量监督机构需要落实好自身的质量监督责任，但不能取代项目法人对监理环节、设计环节、施工环节等的质量管理，在施工过程中，水利工程各方参与者需要及时向质量监督部门进行工程质量的反馈工作。

建设单位、监理单位、设计单位、施工单位等各个参建单位的管理者需要履行好自身的工作责任，各个单位的领导者对工程现场的质量工作负有直接的管理责任，各个单位的工程技术管理者需要强化工程技术质量管理制度，落实好相关的工程技术管理责任，具体工程技术管理者为工程技术质量的直接负责人。

（四）为了提升工作效率，必须建立、健全相关的质量监督体系。政府部门要建立工程质量监督机制；在实际施工过程中，水利工程人员需要按照分级管理的原则做好相关的施工质量管理工作，该工程的质量监督部门需要做好质量监督工作；水行政主管部门的质量监督机构需要做好管理范围内的工程质量监督单位与质量检测单位的规划协调工作，并做好相关单位的资质审查工作；各个直辖市、省、自治区都要建立本地区的质量监督机构，对本行政区域内的水利工程质量监督部门及质量检测单位进行统一的规划与协调，并做好相关单位的资质审查工作。

在整个质量监督体系中，水利工程质量监督部门的作用是十分关键的。因为它需要落实好对设计单位、监理单位、施工单位的质量监督工作，还需要在资质等级允许范围内做好水利工程质量的管理工作，协调好设计质量、监理质量、施工质量等。具体来说，质量监督机构需要按照国家水利行业的相关法规、技术标准以及设计文件要求，做好施工现场的质量监督检查工作；质量监督机构需要做好监理单位的资质审查工作，确保监理单位具备满足监理工作需要的资格和能力，并定时对监理工作进行抽查，确保监理单位能够以最优的监理方案圆满完成对水利工程的监理任务。监理单位在监理过程中，必须严格按照国家的相关法律规范及标准，全面履行监理合同的有关内容，采用先进的监理方法，落实好施工质量的管理工作。

（四）在水利水电工程施工过程中，各参建单位必须重视对先进的、科学的质量管理策略的应用，必须重视对先进的科学技术的推广，必须重视施工技术的合理性运用及施工方案的选择，必须重视对科技创新的投入，必须重视对新型材料及方法的应用，以圆满完成对施工质量的管理工作，争创优质工程，为我国水利水电行业的发展做出贡献。

为了提升水利工程的施工质量管理效益，相关工程负责人需要做好质量法制的教育宣传工作，定期开展一系列的质量法制教育活动，加强工作人员的质量法制观念，不断提升工作人员的个人素质，实现管理人员及内部职工质量管理安全意识的全面提高，并对表现优秀的部门以及个人进行奖励。

第二节　水利水电工程施工质量评价方法

随着施工质量控制、质量管理技术研究的逐步深入，在施工过程中，越来越多的先进技术被应用。在这样的背景下，监督单位可以通过研究施工质量评价方法，对工程的施工质量进行精确评价，以确保工程施工质量满足实际需要。因此，需要探索研究施工质量评价方法涉及的各个方面，并以此为基础，寻找有效的解决策略，为水利水电工程施工质量作保证。

一、水利水电工程质量评价的目标与内容

（一）水利水电工程质量评价的目标

水利水电工程质量评价的主要目标是客观、真实、全面地反映当前我国水利水电工程质量管理现状，充分反映各个环节存在的问题，提高管理决策的有效性与合理性，结合时代发展的需求，为进一步改善工程建设环境、消除安全隐患做好铺垫。

（二）水利水电工程质量评价的内容

水利水电工程质量评价的内容要以上述目标为依据，按照工程建设的实际需求与建设行政管理职能定位，拟定出科学的评价模块，然后根据各级管理部门的相应监管职责与权限，实地考察工程建设中的各个环节，筛选、分类、整合各项数据资料，对工程质量中涉及的施工和使用安全问题、工程与环境协调统一问题进行科学细致的监管、评价。

二、水利水电工程质量评价的原则

水利水电工程质量评价的原则是预测性原则、导向性原则、综合性原则、客观性原则、系统性原则、规范性原则和动态发展原则。具体地分析这几个原则就是更全面预见水利水电工程质量状况，以水利水电工程质量评价所确认的宏观质量为前提，由于水利水电工程质量的概念与内涵日趋复杂，所以，水利水电工程质量评价必须具有综合性。水利水电工程质量评价必须客观反映实际，要求评价指标及标准在层次和时序上形成一个有机的体系。必须符合固定的格式或要求，不断完善、改进、更新评价标准和观念，反映未来水利水电

工程质量状况走势，使水利水电工程质量评价更具有实际意义。

（一）水利水电工程施工质量评价方法

水利水电工程施工质量评价方法研究，是指在进行水利水电工程施工过程中，对影响水利水电工程质量的各项内容、涉及的施工技术、运用的管理方法等进行评价分析，保证水利水电工程的质量。与此同时，进行水利水电工程施工质量评价方法研究，是在监督单位结合水利水电工程施工各方面要点完成的。具体来说，水利水电工程施工质量评价方法体系是集合分析各项元素，并结合具体的施工案例而制定的相关指标。

（二）研究方法

1. 引进先进水利水电工程施工质量评价体系

在水利水电工程施工质量评价方法研究过程中，引进评价方法体系也是一项重要环节。具体来说，在施工质量评价过程中，通过运用先进的水利水电工程质量评价理念，并淘汰老旧的质量评价控制模式，有助于提升评价效果，进而提高水利水电工程的施工质量。例如，在水利水电工程施工质量评价方法研究过程中，可以借助快速发展的现代管理技术，使用北斗管理系统、万象管理系统等。与此同时，通过使用先进评价方法，也能明显改进原有的水利水电工程施工质量评价体系，对形成完善的水利水电工程施工管理体系有重要的促进作用。

此外，随着水利水电工程施工质量评价方法研究的逐步深入，其所投入的研究力量、研究资源也会不断增加，同时取得的成果会更加显著。与此同时，引入先进的流程化管理体系，会进一步提升水利水电工程施工质量。

2. 构建并持续优化水利水电工程施工质量评价方法

在进行水利水电工程施工质量评价方法研究的过程中，要为评价过程建立完善的评价模式，并以此为基础，形成体系化的水利水电工程施工质量评价方法。针对这样的情况，就需要对现有的水利水电工程施工质量评价方法进行优化处理，并采用全方位、多角度的研究方式，来完善质量评价模式。

首先，要更新水利水电工程施工质量评价方法。在水利水电工程施工过程中，安排专门的监督人员对整个施工过程进行监督管理，同时在水利水电工程施工质量评价过程中，需建立强有力的领导团队，要严格遵循评价原则。

其次，对水利水电工程施工质量评价方法进行重整设计。因此，需要从水利水电工程涉及的各个层面进行考虑，从而完善评价方法。例如，从全局的角度设计评价方法，做到全系统质量评价分析。在这样的背景下，需要不断总结传统评价方法的不足，并充分引进先进的质量评价理念，实现以评价理念为先导、评价体系为支撑的水利水电工程施工质量评价体系。

此外，为了保证水利水电工程施工质量评价方法的有效性，还要借助大量的水利水电施工案例和文献资料，以确保水利水电工程施工质量评价方法科学合理。与此同时，在相应的基础数据获取过程中，还要对管理与控制的数据进行处理，在处理过程中，要充分运用先进的数据处理软件，并以此为基础，进行水利水电工程施工质量评价方法的优化设计。

在水利水电工程施工质量评价方法研究过程中，首先要总结水利水电工程施工特点，从质量评价理念、质量评价模式、质量评价体系等方面进行研究。其次，要对现有的水利水电工程施工质量评价模式、方法进行总结，并结合先进的数据处理、管理分析技术，对水利水电工程施工质量进行评价，以确保水利水电工程的高质量完成。

第三节　水利工程质量事故及处理

凡水利水电工程在建设中或竣工后，由于设计、施工、材料、设备等原因造成工程质量不符合规程、规范和合同规定的质量标准，影响工程使用寿命或正常运用，一般需作返工或采取补救措施的，即为工程质量事故，由施工原因造成的为施工质量事故。工程如发生质量事故，往往造成停工、返工，甚至影响正常使用，有的质量事故会不断发展恶化，导致建筑物倒塌，并造成重大人身伤亡事故，这些都会给国家和人民造成不应有的损失。需要指出的是，不少事故开始时经常只被认为是一般的质量缺陷，容易被忽视。随着时间的推移，当认识到这些质量缺陷问题的严重性时，则往往处理困难，或无法补救，或导致建筑物失事。因此，对任何质量问题，均应认真分析，进行必要的处理，并作出明确的结论。

一、水利工程质量事故的分类

在水利水电工程中，按对工程的耐久性和正常使用的影响程度，检查处理质量事故对工期影响时间的长短和直接经济损失的大小，将质量事故分为以下三类。

（一）重大质量事故

质量事故发生在主体工程，且无法修补或修补后仍达不到设计要求，需要对结构设计重大改变者。如结构整体性遭到破坏、改变受力情况、止排水失效、渗漏严重等，以致影响建筑物的安全运行；泄洪、导流建筑物不能满足设计要求或抗冲耐磨性能差，影响安全使用；金属结构、机电设备安装不良，不能正常使用等。

由于工程质量事故的检查处理，打乱原施工部署，影响工期达 90d 以上者。

质量事故处理所需的物资、器材、人工等直接费用损失金额，对大体积混凝土和金属结构、机电安装工程在 20 万元以上者；对土石方工程和混凝土薄壁结构工程在 5 万元以上者。

（二）严重质量事故

水利工程质量事故发生在主体工程，但返工修补后基本达到设计要求，即工程的安全性、可靠余度降低或影响工程使用年限，但仍可正常运行，发挥工程效益者。由于质量事故检查处理，打乱原施工部署，影响工期达 30d 以上、90d 及其以下者。

质量事故检查处理所需物资、器材和设备、人工等直接费用损失金额，对大体积混凝土和金属结构、机电安装工程在 2 万元以上、20 万元以下者；对土石方工程和混凝土薄壁结构工程在 1 万元以上、5 万元以下者。

（三）一般质量事故

工程质量不符合规程和合同规定的质量标准，需返工、修补处理，处理后仍能满足设计者。

质量事故处理所需的物资、器材、人工等直接费用损失金额，对大体积混凝土和金属结构、机电安装工程在 0.5 万元以上、2 万元以下者；对土石方工程和混凝土薄壁结构工程在 0.2 万元以上、1 万元以下者。

水利水电工程质量事故的分析处理，通常先要进行事故原因分析。在查明原因的基础上：①要寻找处理质量事故方法和提出防止类似质量事故发生的措施；②要明确质量事故的责任者，从而明确由谁来承担处理质量事故的费用。

二、质量事故一般原因

造成工程质量事故的原因多种多样，但从整体上考虑，一般原因大致可以归纳为下列几方面。

（一）违反基本建设程序

基本建设程序是建设项目建设活动的先后顺序，是客观规律的反映，是几十年工程建设正反两方面经验的总结，是工程建设活动必须遵循的先后次序。违反基本建设程序而直接造成工程质量事故的问题有：（1）可行性研究。依据资料不充分或不可靠，或根本不做可行性研究。（2）违章承接建设项目。如越级设计工程和施工，由于技术素质差，管理水平达不到标准要求。（3）违反设计顺序。如设计前不作详细调查与勘测。（4）违反施工顺序。如基础工程未经检查验收，就开始上部工程施工；相邻近的工程施工先后顺序不当等。

（二）工程地质勘查失误或地基处理失误

工程地质勘查失误或勘测精度不足，导致勘测报告不详细、不准确，甚至错误，不能准确反映地质的实际情况，因而导致严重质量事故。如吉林省某水电工程，由于土石料场在设计前，对料场的勘察粗糙，达不到精度要求，在工程开工后，料场剥离开挖到了一定程度，才发现该料场的土料不符合设计要求，必须重新选择料场，因而影响到工程的进度和造成了较大的经济损失。

（三）设计方案和设计计算失误

在设计过程中，忽略了该考虑的影响因素，或者设计计算错误，是导致质量重大事故的祸根。如云南省某水电工程，在高边坡处理时，设计者没有充分考虑到地质条件的影响，对明显的节理裂隙重视不够，没有考虑工程措施，以致在基坑开挖时，高边越大滑坡，造成重大质量事故。致使该工程推迟 1a 多发电，花费质量事故处理费用上亿元。

（四）建筑材料及制品不合格

不合格工程材料、半成品、构配件或建筑制品的使用，必然导致质量事故或留下质量隐患。常见建筑材料或制品不合格的现象有：（1）水泥：安定性不合格；强度不足；水泥受潮或过期；水泥标号用错或混用。（2）钢材：强度不合格；化学成分不合格；可焊性不合格。（3）砂石料：岩性不良；粒径、级配与含泥量不合格；有害杂质含量多。（4）外加剂：外加剂本身不合格；混凝土和砂浆中掺用外加剂不当。

（五）施工与管理失控

施工及其管理失控，是造成大量质量事故的常见原因。其主要问题有：

1. 不按图施工

表现在：①无图施工；②图纸不经审查就施工；③不熟悉图纸，仓促施工；④不了解设计意图，盲目施工；⑤未经设计或监理同意，擅自修改设计。

2. 不遵守施工规范规定

这方面的问题很多，较常见的表现在：①违反材料使用的有关规定；②不按规定校验计量器具；③违反检查验收的规定。

3. 施工方案和技术措施不当

这方面主要表现在：①施工方案考虑不周；②技术措施不当；③缺少可行的季节性施工措施；④不认真贯彻执行施工组织设计。

4. 施工技术管理制度的不完善

表现在：①没有建立完善的各级技术责任制；②主要技术工作无明确的管理制度；③技术交底不认真，又不作书面记录或交底不清。

5. 施工人员的问题

表现在：①施工技术人员数量不足、技术业务素质不高或使用不当；②施工操作人员培训不够，素质不高，对持证上岗的岗位控制不严，违章操作。

水利水电工程质量事故分析与处理的主要目的是为了正确分析事故原因，创造正常的施工条件，总结经验教训，预防事故发生，区分事故责任，正确选择处理方法，减少事故损失并保证工程质量。

三、质量事故处理步骤、原则和方法

（一）质量事故处理的一般步骤

1. 下达工程施工暂停令。

2. 事故调查。

3. 原因分析。

4. 事故处理和检查验收。

5. 下达复工令。

（二）质量事故处理原则

质量事故发生后，应坚持"三不放过"原则，即事故原因不查清不放过，事故主要责任者和职工未受到教育不放过，补救措施不落实不放过。按事故严重程度，分别由施工承包商召集有关施工队长、班组长和施工人员，共同分析发生事故的原因。查明事故责任，研究防范措施，对责任者进行批评、教育或处罚，并以具体事例向有关人员进行了宣传教育，防止事故重复发生。施工过程中发现质量事故，不分事故大小，施工人员应立即上报，并进行初步检查。如属一般事故，由班组写出事故报告，经专职质检员核实签字后，报送施工承包商的行政和技术负责人，以及监理工程师代表。如属重大或大事故，施工承包商立即向建设单位和质量监督部门提出书面报告，并通知设计单位，同时按规定向上级报告和及时填报重大事故报告。

（三）质量事故处理方法

对工程施工中出现的质量事故，根据其严重性和对工程影响的大小，可以有两类处理方法。

1. 修补

通过修补的办法予以补救，这种方法适用于通过修补可以不影响工程的外观和正常运行的质量事故。这一类质量事故在工程施工中是大量的、经常发生的。

2. 返工

对于严重未达规范或标准，影响到工程使用和安全，且又无法通过修补的方式予以纠正的工程质量事故，必须采取返工的措施。

第十一章　水利水电工程施工质量评定

第一节　水利水电工程施工质量检验

水利水电工程是国家基础设施工程，投入大，公益性强，对国民经济和社会发展具有重要作用。工程质量状况不仅关系到国家建设资金的有效使用，关系到人民群众生命财产的安全和经济、社会的持续健康发展，而且还是国家经济、科学、技术、管理水平的体现。规范水利水电工程质量检测行为，提高质量检测水平，加强质量检测管理，做好质量检测工作，对保证水利水电工程质量，具有十分重要的意义。

一、水利水电工程质量检测的含义

水利水电工程质量检测是指水利水电工程质量检测单位对水利水电工程施工或用于工程建设的原材料、中间产品、金属结构、机电设备等进行的检查、度量、测量或试验，并将结果与规定要求进行比较，以确定质量是否合格所进行的活动。

二、质量检测在水利水电工程中的作用

（一）检测是施工过程质量保证的重要手段

工程质量是在施工过程中形成的，只有通过施工单位的自检、监理单位的抽检，及时发现影响质量的因素，采取措施把质量事故消灭在萌芽状态，并使每一道工序质量都处于受控状态，把好每道工序的施工质量关，才能保证工程的整体质量。这种检测贯穿于施工的始末，是施工过程质量保证的重要手段。

（二）检测是工程质量监督和监理的重要手段

水利水电工程建设项目实行项目法人（建设单位）负责、监理单位控制、施工单位保证和政府监督相结合的质量管理体制。除了施工单位通过自检来保证工程质量外，监理单位通过抽检来控制工程质量，政府质量监督单位、建设单位或监理单位必要时可以委托具备相应资质的工程质量检测单位进行质量检测，提供科学、公正、权威的工程质量检测报告，作为工程质量评定、工程验收的依据。

（三）检测结果是工程质量评定、工程验收和工程质量评判的依据

工程质量评定、工程验收都离不开检测数据。质量的认定必须以检测数据或检测结果为依据，质量合格才能通过工程验收。经计量认证合格的检测机构，在其认定的检测项目参数范围内进行检测取得的数据和检测结果，具有法律效力，在质量纠纷中作为评判的依据。

（四）检测结果是质量改进的科学依据

对检测数据进行处理和分析，不仅可以科学地反映工程的质量水平，而且可以了解影响质量的因素，寻找存在的问题，有针对性地采取措施改进质量。

（五）检测结果是进行质量事故处理的重要依据

发生重大质量、安全事故，需要通过质量检测查找事故成因，分析事故的影响面和严重程度，追究责任，确定整改或报废范围。

三、水利水电工程质量检测的特点

（一）科学性

现行国家行业规范、规程所涉及的技术和方法，都是该行业当前成熟的技术、方法，并且是理论上曾严格论证、实践中切实可行的技术和方法。检测必须依据国家和行业部门颁发的技术规范、规程进行，检测的依据、检测项目、抽检方法、判定规则等，也必须严格执行有关规定和标准，从而保证检测工作的科学性。

对检测数据进行处理和分析，做出符合实际的工程质量评价，离不开专业理论和专业技术，也体现了检测工作的科学性。

（二）公正性

检测工作应以法律为准绳，以技术标准为依据，检测结果遵循以数据为准的判定原则，客观公正。施工企业、监督和监理单位使用的检测方法都相同，对同一检测对象，检测的数据结果可对比，具有唯一性。检测结果唯一性是检测公正性的保证条件之一。政府质量监督单位、建设单位或监理单位必要时可以委托具备相应资质的工程质量检测单位（第三方）进行质量检测，第三方质量检测单位与被检测单位不存在任何经济利益关系，站在第三者的立场上，进行实事求是的检测，做出不带任何偏见、符合客观实际的判断和公正的评价，这体现了检测的公正性。

（三）及时性

工程施工进度有严格的时间要求，需要检测工作适应施工进程，及时进行检测，保证

及时向有关部门提供检测资料。根据检测资料控制施工质量，改进施工工艺，评价工程质量。如果检测不及时或失去检测机会，就可能使施工质量处于失控状态，如果出现质量问题便不能及时发现和处理。

（四）权威性

工程质量检测单位具备相应资质，工程质量检测人员持证上岗，检测工作以法律为准绳，检测的过程是严格执行法律法规的过程，检测结果具有法律效力，这就要求检测工作要有权威性特征。

四、质量检测人员和检测单位应满足的要求

（一）对检测人员的要求

检测是由人来完成的，检测人员的技术水平对正确理解和执行检测标准有决定性的作用。因此，检测人员应具有专业技术理论基础，了解检测对象相关知识，理解检测仪器设备性能，掌握检测试验操作方法，掌握数据处理知识。经过检测基础知识的培训，熟练掌握操作程序和技术，通过统一考核，取得检测的从业资格。

检测人员具有熟练的操作技能还不够，还必须有排除各方面干扰和利益诱惑的能力，也就是必须保持公正性。检测人员的公正性会影响检测结果的公正性。检测的公正性丧失了，检测也就失去了质量保证和监督的意义。因此，检测人员必须严格遵守职业道德，增强法律意识，在检测过程中自觉地保持公正性。

（二）对检测单位的要求

根据水利部《水利工程质量检测管理规定》的要求，检测单位必须是具有能够独立承担法律责任的事业单位或企业，通过计量认证资质认定，取得水利工程质量检测单位的相应资质后，方可承担资质等级许可范围内的水利水电工程质量检测任务。

五、水利工程无损检测技术的应用

（一）无损检测技术在混凝土检测中的应用

1. 混凝土强度质量检测中回弹法的应用

水利水电工程中对于混凝土强度的质量检测主要是采用回弹法，在具体检测时，要在混凝土的构件上布置回弹检测区，用抽芯机在混凝土上取样，同时对其单轴抗压的强度也要进行检测，从而进行回弹值的计算，根据计算结果进行修正。目前，水利水电工程对混凝土强度采用回弹法检测非常普遍，主要原因是这种检测技术操作简单，成本较低，不过缺点是会对混凝土构件造成一定程度的损坏，而且检测结果有很大的误差值，所以在实际

检测中尽量选择重量和尺寸都比较大的混凝土构件。

2.使用超声的方法进行混凝土强度质量的检测

使用超声的方法检测水利工程中混凝土的强度质量，需要借助数字超声仪，这种方法也叫回弹综合法，而且有明确的技术规范《超声回弹综合法检测混凝土强度技术规程》，根据检测要求，水利水电建设中要设置单独的检测区，通过回弹仪检测测试区的回弹值。后续的检测工作可以通过超声仪和声波换能器进行。然后测算回弹值和超声声速值和混凝土强度换算值，从而保证检测结果的精准。利用超声检测的方法相比于回弹法有着明显的优势，首先基本可以保证混凝土构件的完好，而且检测结果的精准度很高。不过此方法操作比较复杂，因此在实际应用中都是和回弹法结合使用，具体需要根据水利工程的具体情况而定。

（二）无损检测技术在钢筋锈蚀检测中的应用

1.钢筋保护层厚度测量法与碳化深度测量法

在进行这种无损检测技术过程中，首先要对水利工程的质量通过碳化深度测量的方法进行检测。检测人员要确定测试区域，然后在此测试位置用电锤仪器进行打孔，而且要清除粉末，然后将浓度为1%的酚酞酒精溶液注入孔中，然后测量表面到深部的距离，一般都采用游标卡尺和碳化深度仪进行，最终的测量结果就是质量检测需要的碳化深度。碳化深度测试完成后，要进行混凝土保护层厚度的检测，采用数字式的钢筋定位扫描仪的使用就能够准确测量出钢筋保护层和钢筋的内部构件的布置以及保护层厚度值。所有测试都完成后，严谨的整理测试结果，然后比较筋保护层的厚度与混凝土碳化深度值。如果混凝土构件的碳化测量值大于钢筋保护层的厚度值，混凝土内部的钢筋就容易受到腐蚀，从而影响水利工程主体的结构稳定性。如果钢筋保护层的厚度值大于混凝土构件的碳化测量值时，混凝土内部基本不会受到腐蚀。当然，检查混凝土内部是否会受到腐蚀的关键就是必须保证测量数据的准确性，一旦测量数据出现偏差，就会导致混凝土内部钢筋构件的腐蚀情况无法准确地确定，会影响水利工程的施工和质量。

2.无损检测技术中自然电位法的使用

水利工程检测技术中的自然电位法在检测中要应用通过高内阻自然电位仪进行操作，对于工程腐蚀情况的判断是通过界面上双层电的电位差实现的。例如，某一个水利工程在进行质量检测过程中，使用了自然电位法，就可以在工程的闸门面板上对饱和的硫酸铜电极进行依次移动，在这个过程中的实时数据就会被记录，在记录中如果出现区域的阴影就可以对锈蚀区域进行判断。这种自然电位法操作简单，而且其检测结果相对比较准确。

（三）无损检测技术对浅裂缝的检测

1. 抽芯法

在水利水电工程中对浅裂缝的检测技术中，抽芯法比较常用，而且实际效果非常理想，操作起来也相对简单，结果也很直观。不过，这种方法会使混凝土构件造成一定的破坏，因此其应用范围较小，比较适用于小型的浅裂缝检测。

2. 超声波法

水利水电工程中的浅裂缝检测中，超声波发检测技术的检测结果精准度很高，而且在实际操作过程中的要求很高，《超声法检测混凝土缺陷技术规程》对于超声波法技术的操作流程和规范标准进行了详细的说明。检测人员在具体检测过程中，必须要严格按照此项规程中要求的规范和标准进行操作。这种检测方法通过超声波监测仪测定超声波脉的首波幅度、传播速度和接收信号频率等，然后通过检测结果判断水利水电工程中的缺陷，相关的施工企业和管理部门就能够根据这些缺陷采取相应的措施进行补救，保证水利水电工程的施工质量和安全运行。

水利工程质量检测单位应建立健全质量保证体系，加强自身建设，积极采用先进的检测试验仪器设备和工艺，不断完善检测试验手段，规范检测试验技术方法，提高质量检测人员的素质，确保质量检测工作的科学性、准确性和公正性。

第二节　水利水电工程施工质量评定

工程质量评定，即是依据某一质量评定的标准和方法，对照施工质量具体情况，确定其质量等级的过程。对水利水电工程，要求按水利部颁发的 SL176 – 96《水利水电工程施工质量评定规程》进行质量评定。由国家统一制定质量评定标准和办法来评定建设工程质量，以控制水利水电工程质量和管理施工企业。这种办法的特点是，对全国各地的建设项目做到统一检验项目，统一检验工具、统一检验方法和评定办法，其评定结果具有可比性，对促进工程建设质量的提高起到了积极的作用。同时，施工企业所承担的施工项目的质量水平质量等级，可作为考核施工企业等级或技术水平的重要方面，而企业的等级与其生存和发展密切相关，这对施工企业努力提高施工质量也起到了积极作用。水利水电工程质量评定以单元工程质量评定为基础，其评定的先后顺序是：①单元工程；②分部工程；③单位工程。

一、单元工程质量评定

目前，我国水利水电单元工程质量等级的评定，主要是以水利部、原能源部颁发的

SDJ249 — 88《水利水电基本建设工程单元工程质量等级评定标准》为依据，它是水利水电建设事业中应执行的技术法规。

（一）单元工程的划分

单元工程一般是依据设计结构、施工部署或质量考核要求，把建筑物划分为若干个层、块、段来确定的。通常是由若干工序完成的综合体，是日常质量考核的基本单位。对不同类型的工程，有各自单元工程划分的办法。（1）混凝土工程。按混凝土浇筑仓号，每一仓号为一个单元工程；排架柱梁等按一次检查验收范围，若干个主梁为一个单元工程。（2）土质防渗体工程。按设计或施工检查验收区、段、层划分；通常每一区、段的每一层即为一个单元工程。（3）岩石洞室开挖工程。混凝土衬砌部位按设计分缝确定的块划分；锚喷支护部位按一次锚喷区划分；不衬砌部位可按施工检查验收段划分，每一块、区、段为一个单元工程。（4）水轮发电机组安装工程。其单元工程指组成分部工程的、由几个工种施工完成的最小综合体。例如依设备的复杂程度及专业性质，可将分部工程划分为若干单元工程或扩大单元工程，以每台（套）设备或某一主要部件安装为单元工程。

（二）单元工程质量等级和质量标准

单元工程质量分为"合格"和"优良"两个等级。单元工程质量标准具体分为保证项目（或一般原则和要求）、基本项目（或质量检查项目）和允许偏差项目 3 类。

1. 保证项目

它是指在质量检验评定中，必须达到的指标内容。无论单元工程质量等级是"合格"还是"优良"，都要求其质量指标必须保证符合该项目的规定。如基底或前一单元必须符合设计或施工规范要求的质量标准；原材料，如水泥、砂、石料、沥青等都必须符合质量标准。

2. 基本项目

它是指在质量检验评定中工程质量应基本符合规定要求的指标内容。基本项目的要求，对"合格"与"优良"，不同等级的单元工程，在质与量上均有差别。在质的定性上，往往用"基本符合"与"符合"来区别"合格"与"优良"；也有在质的标准上用不同的要求来区别。在量上，如用强度的保证率或离差系数的不同要求，以及用测点总数中符合质量标准点数的不同百分数来区别"合格"与"优良"。

3. 允许偏差项目

它是指在质量检验评定中允许有一定偏差范围的项目。单元工程是日常质量考核的基本单位，且每一单元工程必须在前一单元工程的检验项目全部"合格"后才能进行施工，因此每一单元工程的保证项目和基本项目必须全部合格，允许偏差项目的合格率也必须在规定范围内。例如，允许偏差项目每项应有 ≥ 70% 的测点，在相应允许偏差质量标准范围内。

在现行的水利水电基本建设工程单元工程质量等级评定标准中，单元工程质量"合格"和"优良"的标准如下：（1）合格。保证项目和基本项目条例相应合格质量标准；对土建工程，允许偏差项目每项应有70%的测点在相应的允许偏差质量标准的范围内。（2）优良。保证项目符合相应的质量评定标准；基本项目必须达到优良质量标准；对于土建工程，允许偏差项目每项须有 ≥ 90%的测点在相应的允许偏差质量标准范围内。要注意到，不同类型的水利工程，具体的质量评定标准也略有差别，在具体评定时，可参照《水利水电基本建设工程单元质量等级评定标准》执行。单元工程（或工序）质量达不到合格规定的要求时，必须及时处理。其质量等级按下列规定确定：（1）全部返工重做的，可重新评定质量等级。（2）经加固补强并经鉴定能达到设计要求，其质量只能评为合格。（3）经鉴定达不到设计要求，但建设单位认为能基本满足安全和使用功能要求的，可不加固补强；或经加固补强后，改变外形尺寸或造成永久性缺陷的，经建设单位认为基本满足设计要求，其质量可按合格处理。

二、项目优良品率计算

（一）分部工程的单元工程的优良品率计算

某部分工程的单元工程优良品率 = 单元工程优良品个数 / 单元工程总数 ×100%。

（二）单位工程的分部工程的优良品率计算

某单位工程的分部工程优良品率 = 分部工程优良品个数 / 分部工程总数 ×100%。

（三）水利工程项目的单位工程优良品率

水利水电工程项目的单位工程优良品率，是指申报水利水电工程项目的单位工程个数或工程量，主要工程量中，评为优良单位工程的个数或相应的工程量所占的比例，按下式计算：水利工程项目的单位工程优良品率 = 评为优良的单位工程个数（或工程量）/ 所申报工程的单位工程个数（或工程量）×100%。

三、单位工程外观质量评定

分部工程、单位工程和工程项目质量等级分为"合格"和"优良"两个等级。

（一）分部工程质量等级标准

1. 合格标准

（1）单元工程的质量全部合格。（2）中间产品质量及原材料质量全部合格，金属结构及启闭机制造质量合格，机电产品质量合格。

2.优良标准

（1）单元工程质量全部合格，其中有 50% 以上达到优良，主要单元工程、重要隐蔽工程及关键部位的单元工程质量优良，且未发生过质量事故。

（2）中间产品质量全部合格，其中混凝土拌和物质量达到优良。原材料质量、金属结构及启闭机制造质量合格，机电产品质量合格。

（二）单位工程质量评定标准

1.合格标准

（1）分部工程质量全部合格。（2）中间产品质量及原材料质量全部合格，金属结构及启闭机制造质量合格，机电产品质量合格。（3）外观质量得分率达到 70% 以上。（4）施工质量检验资料基本齐全。

2.优良标准

（1）分部工程质量全部合格，其中有 50% 以上达到优良，主要分部工程质量优良，且施工中未发生过重大质量事故。（2）中间产品质量全部合格，其中混凝土拌和物质量达到优良，原材料质量、金属结构及启闭机制造质量合格，机电产品质量合格。（3）外观质量得分率达到 85% 以上。（4）施工质量检验资料齐全。

（三）工程项目质量评定标准

1.合格标准

单位工程质量全部合格。

2.优良标准

单位工程质量全部合格，其中有 50% 以上的单位工程优良，且主要建筑物单位工程为优良。

第十二章　水利水电工程建设安全生产管理

第一节　水利施工安全控制原则

在我国的国民经济建设发展中，水利工程起到了不可替代的意义和作用。它的施工安全直接关系着我国社会经济发展、人们日常生活水平以及社会治安管理等方面的建设，因此，必须要予以高度的重视和控制。本书就我国当前水利工程施工中的安全控制原则进行简单的分析，并就如何提高水利工程的施工安全水平提出自己的建议和看法，从而更好地提高水利工程施工的安全性和可靠性，促进和推动我国水利事业的健康、和谐发展。

一、施工安全的控制原则

（1）安全先导原则。这一原则主要是要求我国的水利工程在建设施工过程当中，其建设管理、工程进度、成本控制以及其他各个项目的指标管理都必须以安全生产为先导，切实将水利工程的施工安全以及人员安全放在各项工作的首要位置来抓，坚决不留施工安全的危险余角，坚决杜绝以牺牲施工安全为代价的抢进度、抢工期、抢效益等施工现象和行为，从而确保水利工程的施工安全性和可靠性。

（2）预防为主原则。一是加强对施工安全措施的全面落实，切断施工现场的危险源。二是积极开展安全生产意识的教育培训，规范施工人员的安全施工行为，从而减少和避免违规违章行为的发生。三是加大对日常安全监管制度的执行力度，做好施工现场的安全评价工作，对发现的安全问题要及时地进行处理和解决。四是加大对施工安全防护设备设施的投入，提高水利工程施工的安全系数。

（3）全面责任落实原则。这一原则主要是要求施工单位要在水利工程的施工建设过程中全方位的贯彻落实规定的相关安全管理制度和责任，做好提前预防的准备工作，将安全风险消灭在最初的萌芽状态，从而极大的降低工程施工中安全事故的发生率。

（4）强制管理原则。这一原则是要求施工单位在水利工程的施工过程中，将安全生产管理作为必要的、强制性的工作进行开展和落实，对工程项目中的防护措施、机械设备、安全投入以及工作人员等方面进行必要的安全管理，从而确保施工的顺利进行。

（一）准备阶段的安全管理

水利工程施工准备阶段采取的安全管理对策主要包括以下几点：

1.加强安全管理体系的建立，并注重安全生产责任在组织层面上的落实

即当水利工程投标结束后，施工、监理以及建设单位组建项目部时，应综合分析建立以项目负责人为主要责任的安全管理体系，并在此基础上成立安全生产领导小组，将安全生产责任层层分解，并给予相关责任人适当的权利，例如，经济处罚权、停工权以及制止权等，为其职责的有效实行奠定坚实的基础。同时，在施工班组、施工队伍组建时，应严把质量关、注重施工人员技能及安全知识的考核，以保证其在施工过程中自觉遵守施工规范要求，减少安全隐患的发生，尤其对于在危险系数较高岗位上的施工人员，施工前应进行全面系统的安全培训，且只准许通过考核的施工人员持证上岗。

2.努力做好安全思想教育，从思想上重视安全施工

水利工程施工安全管理，应注重从思想上着手，做好施工、监理以及建设单位各管理层的安全教育工作，即，使其在学习安全知识过程中，树立安全生产、管理意识。与此同时，在坚持以人为本的原则下，将安全知识在施工队伍中加以宣传和推广，提高施工人员安全施工意识。为充分发挥安全教育作用，施工单位可举行多种形式的宣传活动，例如，定期举行安全生产大会，并在会上列举事故真实案例等，使施工人员从思想上认识安全施工，不仅与自身生命有重要关系，而且和企业的声誉及长远发展联系密切，在实际施工时，认真执行和贯彻安全生产各项制度。

3.制定安全生产制度

任何工作的有效落实，均需要制度加以约束，因此，施工单位应结合不同部门工作特点，制定详细的安全生产制度，既包括对安全施工方面的一般要求，又要包括应对突发事故的相关内容。另外，还要求施工、监理、建设单位结合自身职责积极制定安全制度，并保证统一标准，从实际出发，具有较强的可行性。例如，实际施工过程中可要求不同部门签订《安全生产责任书》，将安全生产责任加以分解，并层层落实，具体到个人。

4.注重施工组织设计及相关技术教育

为确保水利工程施工各项技术措施有效落实，施工单位应编制《安全防护手册》，将常见的安全问题编制在内，并分发给各管理及施工部门，要求其认真学习。另外，设计施工组织时也应充分考虑安全管理，并在综合分析水利工程施工特点的前提下，明确不同施工环节的安全隐患，并制定有效应对措施，尤其应对施工交底工作当作工作重点认真落实，要求施工人员明确施工中的难点、重点，以保证安全技术措施的认真落实。

二、施工过程的安全管理

（一）狠抓两方面内容，提高施工安全系数

水利工程施工安全管理应狠抓"施工工序"、"施工对象"，其中施工对象包括土方爆破、深基坑开挖、大坝围堰筑堤等，而施工工序包含脚手架工程、运输、吊装构配件、焊接钢筋等。为提高上述两方面施工安全系数，应制定并实行安全检查制度，要求检查具体施工过程，确保安全施工制度的正常落实。

（二）加强水利工程施工的标准化管理

标准化管理不仅可以保证施工管理质量，而且还能显著提高施工管理效率。要求施人员在不同环节施工中，明确施工对象、要求以及安全内容，同时严格遵守标准内容，避免施工过程中出现盲目施工、责任不明、情况不清情况的出现。

（三）做好施工现场安全管理

水利工程施工现场是安全管理各项内容落实的重要环节，为此，施工单位应将现场施工安全管理放到工作的应有高度，并按照以下措施，保证现场安全管理质量：注重现场安全作业制度的完善与建立；同时，加强特殊工种人员的管理。针对高空作业、危险作业等，避免非专业人员上岗操作。而且还应注意易爆易燃材料的管理，为防止意外的发生，存放位置应远离人口密集位置。另外，水利工程施工中，应尽量避免赶工作业，一方面赶工作业时部分施工人员存在抵触情绪，无法保证施工质量。另一方面多数施工人员身心疲惫，尤其是夜晚作业时视线不好，而且容易瞌睡，很容易发生安全事故。针对确实需要赶工施工时，应做好充分的准备，例如，让施工人员休息好，合理布置照明设备，并加强巡视监督等，以切实杜绝安全事故的发生。除此之外，考虑到水利工程作业面广，施工程序多而繁杂，尤其涉及一些易爆易燃物品，稍有不慎容易发生火灾。因此，应抽派专门人员做好防火工作，在注重消防知识培训工作的同时，加强日常消防演练，以提高应对火灾的反应灵敏度，降低火灾造成的损失等。

水利工程施工安全管理是一项系统的工作，涉及各个施工环节，这就要求参与施工的各部门充分认识到施工安全管理的重要性，提高安全管理意识，综合分析自身及水利工程施工实际的前提下，积极制定并采取提高安全管理水平与质量的有效措施，营造良好的安全施工氛围，保证水利工程安全、顺利的施工。

第二节　水利工程安全第三方监督管理模式

水利工程在施工建设布局上相对复杂，工程规模较大施工场地多而且分散，参与工程的单位很多，涉及施工对象繁多，包括各种高危环节，加大了安全管理难度。另外，水利工程施工现场是暴露式的，不能像某些建筑施工一样进行有效的封闭式管理与控制；直接参与施工的工人大多没有什么安全意识，对潜在的危险没有分辨能力，难以管控。水利安全生产与从业人员的人身财产安全密切相关，进一步加强水利安全生产管理水平、提高水利工程安全性刻不容缓。本节围绕水利工程安全生产存在的主要问题，提出水利安全第三方监管模式，并以鄂北地区水资源配置工程建设与管理局的实例加以分析论证。

一、水利工程建设的安全管理现状

（一）安全职责的划分不明确

水利工程建设与各类型的建设施工存在同样的问题：参建单位较多，安全管理职责划分不明确，建设、施工等单位之间互相推诿，不愿意承担安全职责。部分建设单位不明确自身的施工安全管理职责，认为应由施工单位承担；而施工单位作为工程施工的主体，也是安全生产的责任主体，工程的进度和安全管理均由项目经理统一组织安排，在施工进度和安全工作中容易出现更重视生产进度而忽视生产安全的情况，致使安全生产管理工作不能有效地落实。部分监理单位更注重的是工程的进度和成本，质量和安全并不在其工作的首要位置，对安全管理职责的认识不明确，也没有很好地履行安全职责。

（二）安全生产管理意识不强

部分施工企业安全生产主体责任意识不强，建设单位与管理人员安全意识淡薄，因此容易导致主观上不重视安全以及安全管理不够全面和深入。加之，水利工程建设的施工场地自然环境条件相对其他类型施工场地而言较差，施工地点也会发生经常性的变动，增加了施工人员的流动性，且施工工人的安全素质偏低，缺乏相应的安全防范意识，施工单位较少积极开展岗前培训，致使水利工程实施安全管理的难度加大。

（三）工程技术复杂管理难度大

水利工程规模较大、数量较多，施工过程涉及较多专业知识、一般情况下，一项水利工程包含各种水利水电及其他方面的理论知识，如输水隧洞、渡槽、PCCP管道、倒虹吸等建筑物及金属结构安装等，内容复杂、高难度施工和高危险性作业项目多，且工程实施管理所面临的外部环境也较为复杂，要考虑到整个工地背景的方方面面，否则难以全面地实施管理。这均使安全方面的专业倾向性更强，加之水利工程安全生产适应程度相对较差，加大了生产安全管理的难度，也自然成为水利安全的薄弱环节，需要专业的安全管理人才实施相应的管理工作。

（四）相关部门监管力度有限

生产安全工作长期以来处于被动状态，疲于应付上级要求，头疼医头，脚痛医脚，没有解决根本问题。在水利施工安全监管方面还存在监管机构不完善、专业化水平低、执法能力差等问题，这与我国当前水利安全生产标准化建设的要求不一致。前人的探索表明仅靠安监部门的安全监督，不能彻底解决安全生产的各种问题。不同行业在生产环节中涉及的工艺流程不尽相同，对实现安全生产的技术方法的要求自然也不同，要制定各个行业的安全生产及管理标准，为安全生产提供技术支持，政府安全监管部门由于各种客观因素是难以全面实现的，除企业自有的安全管理人员和行业监管人员外，更多更合适的就是从事第三方安全生产管理相关服务工作的机构以及行业科研单位。

二、第三方安全监管模式的提出

第三方服务模式在很多行业都已经得到了广泛的应用，近年来被引入到安全生产管理方面，将安全管理工作外部化，从企业行业内部的监督管理转向外部机构的第三方制约管理，可以更好地区分责任主体。本段针对第三方安全管理的优越性展开讨论，阐述第三方安全监管模式的优势和必要性。

（一）安全管理服务机构

所谓第三方，即相当于建立一个企业与政府之间的中间桥梁机构，搭建起二者之间联系的最短路径，克服一些二者直接对接存在的问题，由此产生了安全管理行业的第三方中介机构，采用中介化管理，通过专业化、技术化的服务模式，为企业提供安全生产技术指导与服务，提高员工安全意识，增强社会生产的安全性，有效解决生产与安全的矛盾，减少事故发生的频次，降低事故的规模。

（二）安全管理优势

第三方安全管理模式有其自身的特点和优势，可以调节安全管理中存在的一些问题，对于企业的管理团队或者政府的监管团队存在的技术缺陷，第三方能够进行有效填补。

1.管理专业化、系统化

第三方安全管理机构是一个规模化的组织，在其成员组成上就体现了它的专业性，拥有完备的设施设备以及专业管理资质的员工，例如安全工程师、安全评价师以及被各个行业认可的行业专家顾问团队，他们大多都具有丰富的一线管理经验以及专业的管理理念及技术，为有效的安全管理提供了强大的技术支撑，可以填补企业、政府在专业层面的不足，让安全管理机制高速有效运转。

第三方安全管理机构有着系统化的管理模式，针对不同行业不同生产、施工类型，机构能够调整管理方案，建立符合实际生产需要的安全管理体系，规范参建单位的安全管理工作，提供安全服务，在实际工作中评估管理模式的契合度，及时调整各项制度，做到全面深入地开展安全工作，推动企业实现安全生产总目标。

2.管理服务公正客观

第三方管理机构作为中介技术支持性质的存在，不与任何一方的利益直接挂钩，不代表任何一方的利益，有力地规避了一些不必要的麻烦，既不受企业限制也不被政府监管部门所影响，在检查安全隐患等工作方面能做到客观真实，使安全管理公开透明。

三、第三方监管模式的基础研究

水利安全第三方监管模式在建筑行业已得到广泛应用，并取得了一些成效，但其在水利工程中的应用相对较少，本节对安全第三方监管模式在水利行业的应用进行探索。水利安全第三方监管以水利工程为对象，针对各相关单位建立适用的安全管理体系，明确其安全管理职责，从而确定其安全管理目标、制度、管理方案，以实现建设项目安全管理的系统化、程序化、标准化。

（一）服务范围

一方面可以为安全监管提供技术支持，配合监管部门做好安全监管工作；另一方面为工程建设项目法人提供高素质的专家服务团队，派遣常驻现场服务团队，提供安全教育培训，组织安全文化建设等工作。

（二）管理目标

督促各参建单位按照相关法律法规的要求规范安全生产行为，建立安全生产目标，培养安全生产文化，消除安全隐患，建设好职业健康安全管理体系。明确建设单位与第三方机构的权利和义务，紧紧围绕"安全第一、预防为主、综合治理"的安全生产方针，在项目开工前将各参建单位、管理部门的职责划分清楚，制定施工安全的技术标准和规范。

（三）管理方法

在进行第三方管理时，可有效参考已有的安全管理方法，如安全检查表、故障树分析等，在水利工程建设上做好安全管理工作，以期达到工程建设的安全生产目标。同时，随着计算机技术的飞速发展，目前也存在专业化的第三方，可以建立基于网络的安全管理信息系统，进行无纸化安全管理，在线安全教育培训及考核；建立全线安全视频监控，实现安全管理人员对施工现场的远程监控；开发人、机二维码及指纹识别技术，加强网络实名制安全知识学习，实现对人员、设备的信息化管理。通过运用计算机技术开展工程建设项目安全信息化技术的集成应用，提升项目的安全管理效率。

四、第三方监管模式的工程应用

湖北省鄂北地区水资源配置工程（以下简称"鄂北工程"）是湖北省委、省政府决策部署的重大战略民生工程，是湖北省"一号工程"，也是国家重点推进、优先实施的172项全局性、战略性节水供水重大水利工程之一。为管理好该大型水利工程建设，湖北省委、省政府成立了鄂北地区水资源配置工程建设与管理局（筹）（以下简称"鄂北局"）。整个工程输水线路长269.67km，包含明渠、暗涵、隧洞、倒虹吸、渡槽、水库及金属结构安装工程，计划建设工期45个月。工程参建单位多，工程类型复杂、涉及专业知识多，安全生产管理工作量大，受人员编制限制，在工程建设期间内不能按工程建设管理的需求配置足够的安全管理人员。现有的安全管理队伍难以具备全面管理如此复杂大型水利工程的安全管理经验，也难以保证具有多专业的安全技术知识，因此鄂北局引入了水利工程建设安全第三方监管模式，以解决安全管理存在的难题。

（一）服务方式

鄂北局通过购买安全管理技术服务的方式，委托武汉博晟安全技术股份有限公司成立鄂北工程安全技术服务项目部，派驻现场，对鄂北工程开展专业的现场安全管理和监督，协助鄂北局履行安全生产监督管理职责，并提升现场安全管理水平。安全技术服务项目部一方面以项目法人的安全管理职责和服务合同的要求，对工程项目实施安全监督与管理，不断消除隐患，有效控制事故发生，提升工程安全管理水平；另一方面为鄂北局实施工程安全监督管理提供文件体系建设、现场检查指导、技术方案审查等技术支持，协助鄂北工程参建单位提升安全管理水平。

（二）现场服务方法

专业安全管理团队进驻现场后，全面展开安全管理工作，3个月共计巡查121次，覆盖鄂北工程目前已开工的所有标段的120多个作业部位；适时组织各类型安全检查，覆盖鄂北工程已开工的20标段的每个作业面；启动了对各参建单位安全管理内业资料的审查；积极开展经常性的内部人员教育培训和各参建单位的教育培训工作；成立安全技术服务项目部，提供各项技术支持；对超过一定危险性的施工项目进行现场监督，对涉及特殊情况的施工现场实行定点入驻；积极展开风险防控工作，对工程隐患进行整改、验证、复查等。

（三）服务成效

安全技术服务项目部自进场后，在其高效的工作模式下取得了以下成效。

1. 从人员配置、专业、经验各方面补充了鄂北局安全管理力量，满足了工程安全管理的需求。

2.协助鄂北局编制工程项目总体安全监管规划，完善制度体系，理顺了工程安全管理的安全职责，使鄂北局在日常安全管理、安全考核等方面有了长期的安全管理技术支持。

3.目前安全可视化设计文件、安全设施标准化手册均已编制完成，待鄂北局审查发布后实施，安全生产信息化管理系统已上线并完成了对各单位的使用培训工作，正在试用期间。

4.通过安全巡查、安全检查、隐患整改监督、教育培训、资质审查等日常工作，有效改善了工程安全生产现状，违章作业频率大幅减少，呈现出事故隐患和违章作业行为连续下降的良好局面；规范了现场安全设施配置情况；事故隐患总量由2016年9月份的592项下降至2016年11月份的174项；向各建管部、各参建单位发布不良气象信息安全预警通知，并对施工单位提出具体防灾要求，得到了各参建单位的积极响应，避免了冒险施工行为。

（四）需要进一步优化的问题

施工单位对第三方在日常安全管理工作中的认可度亟待提高，以方便日常管理工作的有效开展；与监理单位之间的工作界面划分需进一步明确，监理单位不应撇开自身的安全管理职责。

本节通过对水利安全生产的现状进行总结分析，探索水利安全第三方监管模式的建设思路。鄂北工程的实际应用表明，其在第三方机构2016年9月进驻现场管理后取得的成效说明水利安全第三方监管模式的可行性，在技术及现场管理上均有利于提升安全管理水平，一定程度上可以降低和避免事故的发生，保证生产安全管理体系有效运行，具有很好的发展前景。

第三节　水利工程施工安全监理

近年来，随着我国《中华人民共和国安全生产法》《建设工程监理规范》等法律法规的实施，基于水利工程建设工程量大、工期长、施工技术复杂等特点，工程监理单位的职责逐步发展完善为"质量控制、投资控制、进度控制、合同管理、安全监督、信息安全、组织协调、环保监督"等，而工程安全生产监理正是水利工程建设监理工作的重要内容之一。本节就在水利工程施工过程中如何防范工程施工安全生产事故、如何采取有效的安全监督管理来保障工程质量和工期目标的顺利实现浅谈以下几点看法。

一、水利工程施工中安全生产隐患成因

由于水利工程施工具有以下特点，导致在其施工过程中存在着生产安全隐患。
（1）水利工程施工战线长，为确保河道安全度汛，同一河道上往往多点同时施工，每

个施工点与另一施工点之间的距离较大，为项目整体的安全管理增加了不小的难度。（2）水利工程施工现场多露天式作业，无法进行封闭、隔离等。这就给现场施工、机械使用及隔水挡板等材料的安全管理等增加了很大难度。（3）目前在我国的水利工程施工中所使用的施工机械、工艺等相对发达国家还较落后，且施工中防护设施不够齐全。如，木桩受雨水影响可产生变形，挖掘机等重型施工机械的操作人员忽视安全进行危险作业等。（4）水利工程施工队聘用的工人中 70% 是农民工，文化素质相对低下，即使施工前有安全生产培训，很多民工在工作中仍不具备相应的安全意识。（5）农民工在农闲时出来打工，不了解水利工程的施工操作规程和施工安全技术要求。个别施工队为尽量压缩成本，在工人上岗前不聘请专业人员对工人进行培训与安全教育，使得工人缺乏安全生产的意识，在施工过程中如遇突发状况，他们的安全应急能力比较薄弱。

二、水利工程监理单位对安全生产的监理职责

中华人民共和国国务院令第 393 号《建设工程安全生产管理条例》中明确规定："工程监理单位和监理工程师应当按照法律法规和工程建设法制性标准实施监理，并对建设工程安全生产承担监理责任。"

根据水利工程特点，安全监理责任应包括安全技术措施监察、施工前审查专项施工方案是否符合国家及行业标准、施工过程中安全事故隐患排查 3 个方面。（1）工程监理单位应当严格依照国家的法律法规、相关工程建设技术标准对施工项目进行监督管理。（2）监理单位在施工前应当认真核查施工方案以及安全技术措施、应急预案等是否符合国家相关标准。（3）监理单位在实施监理过程中应对工程全程中的安全生产进行监督。一旦发现施工过程中存在安全隐患，应当立即要求施工单位当即进行停工整改；如遇施工单位不停止施工拒不整改的，监理单位应当及时向有关部门报告。

三、对水利工程施工安全生产管理的建议

（一）建立水利工程监理安全生产监督控制全方位体系

《水利工程施工监理规范》（SL288 — 2003）中明确要求总监理工程师、专业监理工程师、监理员在水利工程施工安全监控中各自的职责。监理单位内部要建立起一套以第一责任人为总监理工程师、以项目安全生产监督协调人为副总监理工程师、以现场部长为现场安全生产监理负责人的三层安全生产监督管理体系。

（二）水利工程施工中监理单位应秉承"安全第一"的原则

监理单位必须秉承"安全第一"的原则。目前，已建立水利工程质量安全监督站，所有监理人员"一岗双职"，既管生产也负责安全，即在监督管理施工的同时，根据安全生

产相关法规知识，对施工现场生产的安全负起安全监理的职责。

监理人员应做到未雨绸缪，根据农民工文化水平低、安全意识差等特点尽可能早地预测施工过程中可能出现的安全问题，进行进一步的具体分析，同时提醒施工单位采取相应的准备或应急措施，确保施工过程中常用的机械作业、登高架设作业、混凝土浇筑作业及挡水模板等的操作安全；要针对汛期特点，特别做好施工过程中的防汛、高温作业、消防、用电安全等，确保水利工程在施工过程中做到"安全第一"。

（三）针对水利工程施工环节逐一制定相应的安全措施

施工单位在项目进场前都会撰写施工组织设计，其中应涵盖详细的安全生产技术措施。其安全技术措施应该一项目一撰写，并针对地形地貌以及天气、交通情况等预测在水利工程施工过程中有可能发生的事故安全隐患及可能发生安全问题的某个环节。利用技术手段在现场管理上采取有效的防护措施，减少甚至避免施工过程中不安全因素，防范安全事故的发生。

同时，在水利工程施工过程中，要严格遵守国家安全生产法规。投标单位应贯彻执行"安全第一，预防为主"的方针。施工中，应待投标单位向监理单位报审、施工现场监理逐一核查审核后电工、起重工、焊工等特殊工种方可上岗操作。

（四）加强安全检查，督促施工单位开展安全知识培训

水利工程施工中，监理应对基坑边坡支护、模板工程、物料提升机、临时用电、临建设施以及排水系统等进行多次巡视检查。

以往的安全生产事故教育我们，水利工程施工中伤亡事故产生的主要原因之一是人的因素。这主要是因为水利工程施工中需要配备大量的劳动力，其主体是农民工，对安全知识了解甚少，安全意识淡薄。因此，监理单位必须反复要求施工单位对各操作点人员进行安全生产培训，并在培训考核合格后持证上岗。

施工单位在进场前应编写出完善的安全施工应急预案。针对一些施工结构复杂、操作技术指标高且有一定危险性的作业场面，在施工前现场安全员应对各作业点的人员进行安全技术交底，让现场施工人员明确所需施工部位的危险性以及突发状况出现后的应急措施。

水利工程施工安全生产是一项长期的系统性工程，监理单位在管理中应高度重视各环节安全施工的重要性，始终坚持"安全第一，预防为主"的原则，根据安全生产应急预案加大施工现场安全巡视力度，针对检查发现的问题督促施工单位迅速及时整改落实，以确保水利工程安全施工。同时，应实施长期有效的管理，依靠科学技术的进步不断提升水利工程安全管理水平。

第四节　水利水电施工现场安全管理

水利水电在人民的生活和工作中的作用是非常重要的，其可以关系到整个社会的长远发展大计。在经济不断提升过程中对水利水电项目的需求也使得国家越来越重视这方面的项目建设。也正是这种国家层级的重视才使得国内出现了很多水利水电建设项目。随之，一系列的安全问题也不断地凸显，现各级单位和施工行业都应该将安全管理问题提上日程，才能面对如此激烈的竞争环境。

一、现场施工安全管理的重要性

（一）安全管理工作助力施工安全素质

有力的推动水利水电施工安全管理工作，能够从总体上提升整个施工团队的安全意识和素质，使得施工企业在项目推进中，能够严格的思考施工安全问题，并强化自身的工程安全生产的相关责任。从日常的严格管理中可以不断地实现对现有项目安全管理体系的完善，从而实现更加稳定，长远和科学的安全管理机制。

（二）安全管理有利于安全生产

企业在进行水利水电项目施工中，通过安全管理的加强，可以实现对整个项目实施的一个安全生产督促。最近的几年里，水利水电工程施工面临的环境越来越复杂，各种不确定因素增加，从水利水电项目实施来看，人员的施工伤残，触电及坍塌，溺水等安全问题还是比较频繁。这些问题的存在一方面具有较严重的经济及资源浪费，另一方面严重威胁人民的生命。通过安全管理，可以深度挖掘事故的发生原因，从而形成各种应对性安全措施，从而有利于整体工程施工的生产顺利性。

（三）安全管理工作有助于水利水电项目适应新时代的生产结构变化

在新的经济发展时期，生产力及生产关系都在不停地发生着变化，而通过安全管理，可以在问题中找到新的方式，从而能够助力于企业的长远发展。特别是现在科技的发展，使得机械化和专业化应用不断地增加，人工劳动方式逐渐萎缩，从而使得水利水电建设的安全管理，必须紧跟时代的步伐，不断地适应当前最新的竞争因素，才能走的更加长远。

二、水利水电施工现场安全的措施

（一）做好安全施工准备工作

施工前期，要从边坡比，土方堆放等问题上找到安全隐患并提前做好预防。深基坑需要进行支护保护，做好承重测量和加固措施。对于雨水造成的水位高环境施工，必须事前进行排水处理和支护帮助，避免泥土浸水后的滑塌。深基坑施工中还要注意底部容易产生有毒有害气体，事前做好监测并做好通风工作。

（二）安全责任落实到具体的安全管理机构

水利水电项目招标一旦结束，必须同时形成各级的安全管理机制，并将安全责任落实到具体部门。以安全管理体制的创建来监理对应的安全岗位和职责，确定责任人。加强安管管理实际检查和资料管理，做好每道工序的安检记录，在关键时刻能够有安全管理措施的制定提供有力依据。

（三）专款专用主力安全管理

水利水电工程的现场安全管理，必须结合具体情况，在事前做好各项安全保护措施及设备的投入规划。重点是脚手架及安全防护装置的到位情况，对于不符合施工要求的必须及时地进行改善和变更。同时加大对安全管理工作的资金投入，重视相关的人力投入。比如拨付专款用于安全教育的培训和宣传工作，同时还要不定期的搞实战型的安全演习，提升安全生产的基本技能和处理能力。

（四）加强施工环境的管理

施工现场要进行必要的功能分区，材料堆放要有秩序，员工休息场所和施工场所要分开。不定期的就脏乱等现象进行排查，对湿度，温度及照明等问题进行及时的检查，避免外界因素干扰施工人员精神情绪导致的安全隐患出现，确保施工场所安全，健康，并保证任何季节施工条件的良好性。提升整体水利水电工程施工的安管效率。

（五）这种人员素养的提升

人员是水利水电施工中各种安全问题的制造者，所以，必须重视施工现场的人员安全意识提升，做好他们的安全知识及技术水平提升培训。通过加强他们的机械操作熟练性来避免因误操作导致的事故。同时通过强化他们的安全责任意识，实现他们在建设中的相互安全监督和违规操作的应急处理，从而使得安全规范得到有力的落地和实施。

（六）需要有配套的安全管理措施

施工单位以科学化的施工方法和规范为指导，建立对应的安全防范措施及章程。与管理监督人员紧密配合，在国家相关水利水电工程法律为指导的基础上，能够及时地对施工中可能出现的各种新状况进行安全措施的制定。同时，水利水电作为基础性工程，必须公开接受社会群体的安全监督，促进工程施工的规范化和安全性。

（七）现场的作业安全管理

水利水电安全管理中现场的作业安全性是最终的管理落实处，实践也表明这些作业是安全问题的主要发生地和环境。为此，必须严格重视现场的安全作业问题。（1）对工程现场的各项作业监理对应的管理制度。根据施工范围划定具体的安全检查员，一旦发现有安全隐患的苗头，就必须及时地进行制止和措施应对，同时加强对安全隐患问题的纠察和追责。（2）专业工种从业人员要进行严格的资质检查，避免非专业人员进行盲目操作，觉得对人员的意外伤害。（3）严格把关整个作业的施工流程，对工序，工种交替或者施工范围等进行详细检查，避免不明情况的安全隐患发生。（4）考虑到水利水电工程大规模作业中作业点分散不集中的问题，必须加强对易燃易爆品的规范管理，建立必要的消防管理体系，并加强消防演习，避免火灾导致的爆炸。

从水利水电工程项目的实施安全性和长远性来看，必须首先重视其安全管理工作，只有项目建设稳定了才有更好的经济效益，施工单位发展也更有前景，从而能够最大程度的提升国家水利水电工程建设水平。在国家的经济稳定增长中，才能不断地以水利水电基础为依托实现国泰民安。施工单位及建设单位必须全力配合，加强施工规范和管理体系的优化，注重全过程的安全管理，不断提升工程安全管理水平。

第五节 水利工程施工安全标准化体系评价

近几年，一些水利施工单位为了进一步提高水利工程的施工安全能力，开始建立水利工程施工安全标准化体系，并对其具体实施进行有效的评价，从而提高水利工程管理发展水平。安全标准化作为一种能够提升水利工程安全生产水平的重要方法，得到了有关人员的关注和研究，并具体探究出了一系列关于安全标准化体系评价分析方法。这些研究为促进水利工程施工安全标准化管理提供了充分的借鉴和参考。但是，从总体上看，我国现阶段对水利工程施工安全标准化体系的研究主要集中在步骤的创建、实施要点、考评机制、信息平台构建等初步阶段，没有从系统的角度对水利工程施工安全标准体系整体运行的水平和发展态势进行动态化分析和评价，在一定程度了制约了水利工程施工安全、稳定发展。为此，本节依据安全体系系统构建原理，在分析水利工程施工安全发展隐患和安全标准化体系结构之后，构建一种基于成熟度评价的指标体系，根据实际提出水利工程施工安全标准化体系的评估方法。

一、水利工程施工安全隐患的表现形式

基于水利工程本身的特殊性，在具体的施工中可能出现的安全隐患也是呈现了一种复杂多样的特点，具体表现如下：

（一）施工单位不配合带来的安全隐患基于水利工程的建设规模较大，在具体的施工中会涉及很多施工单位，为此其施工地点表现得较为分散，导致施工各个单位之间的交流不方便，为水利工程的施工安全管理带来了困难。

（二）施工对象复杂带来了安全隐患水利工程建设中的施工对象是较为复杂的，其中单项的管理形式就是多样化的，在陆地上的施工会涉及石爆破工程，需要应用雷管和炸药等物品，为此就涉及了安全问题。在水下施工中，如果遭遇了汛期或者洪水，在施工过程中要特别注意洪水侵袭下的施工安全问题。

（三）施工环境开放带来的安全隐患水利工程的施工现场都是开放式的施工环境，无法进行有效的施工封闭隔离，施工现场的进出人员管理工作无法充分落实，为水利工程的施工带来了一些安全隐患问题。

二、水利工程施工安全标准化体系的概述

（一）水利工程施工安全标准化体系的依据

水利工程安全标准化体系建立的目标是为了更好地保证水利工程施工的安全，加强对施工人员和有关操作人员的安全保护，在施工的过程中尽可能地避免发生各种安全事故。水利工程施工安全标准体系的构建依据的标准分为基础性标准、通用性标准和专业性标准。基础性标准一般是指在施工专业范围内将其作为其他工作开展的基础，并在工作中进行广泛的应用，包括指导符号、术语、图形等。通用性标准指的是对某些现象及对象能够进行覆盖的共同性标准，主要包括通用的安全、环保、质量等要求。专业性标准指的是根据某些具体标准采取针对性的补充及延伸。

（二）水利工程施工安全标准化体系的作用

水利工程施工安全标准化体系在建立之后，能够在很大程度上规划有关水利工程施工安全严格的规范和指标进行，对于施工中遇到的问题能够依据安全标准化体系来解决，减少一些不必要的安全事故发生。另外，水利工程施工安全标准化体系建立之后，还能加强各个部门之间的合作联系，充分协调各个部门之间的工作，采用最优的方式来进行水利工程发展建设。

三、水利工程施工安全标准化体系的分级

水利工程的安全生产标准化主要是指通过安全生产责任制的监理，指定相应的安全管理制度和操作规范，并能够有效排除治理的安全隐患，通过建立安全预防机制实现管理的安全、规范。水利工程施工安全标准化体系的建立能够加强对风险的防范控制，从最初机制的而建立到最终的完善和成熟需要经历很多环节，依据水利工程安全标准化体系建设各个阶段的发展特征建立的成熟度阶梯式。

（一）初始级的成熟度等级

初始级的成熟度等级是水利工程施工安全标准化体系建设的最低级，在某种程度上没有形成健全的安全标准化制度，只能根据水利工程施工的安全标准化基本要求来进行执行，具有一定的随意性。

（二）计划级的成熟度等级

计划级的成熟度等级较为注重水利工程施工安全标准化体系结构化的过程与标准。在这个时期，水利工程施工安全标准化工作得到了人们的重视，基本制定了安全标准化的工作计划，为水利工程施工安全标准体系的应用、岗位自愿的投入等提供了保障，执行程序本身具有一定的稳定性、重复性。

（三）规范级的成熟度等级

规范级的成熟度等级强调组织化的标准和制度化的实现，在这个时期，水利工程施工安全标准化工作进入到了规范化的发展阶段，安全生产管理工作被纳入了正常工作中，并且制定了明确的安全标准化目标。

（四）控制级的成熟度等级

控制级的成熟度等级是一种集成过程，能够实现对水利工程安全标准化体系运作效果的量化管理，通过对水利工程施工安全绩效的监测，建立对应的评价指标体系，对水利工程安全标准化体系的运作效果进行分析和评价。

（五）持续改进级的成熟度等级

持续改进级的成熟度等级是水利工程施工安全标准化体系建设的最高等级，体现了一种持续优化的过程，能够有效对水利工程安全体系运行效果进行系统化的回顾和定量分析，从而及时反馈水利工程施工安全标准化体系应用的情况。

四、水利工程施工安全标准化体系的评价

（一）评价要素

水利部门以《企业安全生产标准化基本规范》中的要求为基础，出台了《水利安全生产标准化评审管理暂行办法》，将其作为水利工程安全标准化体系建设和评估的重要标准。具体的水利工程施工安全标准化体系包含安全生产目标、组织机构与职责、法律法规与安全管理制度、水利工程安全生产投入、教育培训、施工作业安全、施工设备管理、隐患排查和治理、职业健康、重大危险源监控等 13 个一级核心要素，45 个二级项目。水利工程施工安全标准化体系的成熟度一般需要根据这些因素来进行衡量。水利工程安全标准化体系评估模型的建立以这些因素作为一级评价指标，二级项目作为二级评价指标，由此建立了水利工程施工安全标准化体系。

（二）评估标准

水利工程安全标准化体系的评价标准是在评价指标成熟度等级中应用在各个评价指标的价值尺度和标准界限。评价标准能够对各个级别指标成熟度等级的关键部分进行评价，也是水利工程施工安全标准化体系建设综合评价的重要依据。在一般情况下，各个评价指标的有关评价标准需要各个等级具有的标准和特点来进行确定。

（三）评估方法

水利工程施工安全标准化体系的成熟度等级评估应用的是分级加权法，通过对二级指标的调查分析，计算各个二级指标的加权得分，将一级指标中包含二级指标的加权得分累加成最后的最终得分，对一级指标的分值进行统计，计算出水利工程施工安全标准化体系的评价总分，最后根据水利工程施工安全标准化体系成熟度的分级来判断安全标准化体系建设所属的等级。

五、落实水利工程施工安全标准化体系的策略

（一）建立完善的水利工程安全管理规章制度

为了充分保证水利工程施工的安全，需要对其进行安全监理，赋予水利工程安全监理部门随时停工的权利，并要安排专门的安全监理部门来负责、带动其他部门共同完成水利工程施工安全评价。同时，要加快建立一个完善的水利工程安全生产规章制度，加强对施工现场的规范化监督管理，实现水利工程安全生产管理的科学化、规范化发展。

（二）实现对水利工程施工全过程的安全管理

水利工程施工现场的安全控制工作是十分重要的一个环节，施工安全控制的地点也是安全事故频发的地点，为此，需要对该地点进行严格的监控管理，实现水利工程的安全施工。第一，对施工现场的各种规章制度进行完善，包括抽查制度、安全用电制度、责任制度等。对于发现的安全事故隐患需要及时采取措施予以解决。第二，要严格禁止一切无证上岗的行为，禁止非专业人员进入到施工现场。第三，要严格避免和禁止一系列的赶工作业。

（三）应用先进的施工技术、施工工艺

水利工程施工企业大多应用的是较为落后的机械设备，且施工技术管理较为落后，这种情况在很大程度上增加了水利工程施工人员的操作失误，从而带来了更多的施工安全隐患。为此，水利工程建设发展，需要紧跟时代步伐，多应用一些安全性高、科学性强的施工技术和施工机械设备，对施工工艺方法进行不断地更新，尽可能地减少不必要的人工操作，提升水利工程整体施工的高效性、安全性。

（四）加强对水利工程安全施工的监管力度

水利工程建设施工的周期性很长，在具体的施工中涉及的线面较为广泛，具有很强的跨度，为此，想要做好水利工程施工安全控制管理需要注重以下几点内容：第一，加强对关键环节的安全控制。首先要做好关键环节的安全控制工作，根据水利工程施工的实际情况来安排施工进度。其次，要对重点的施工对象做好安全控制，切实履行水利施工安全监督检查机制。第二，加强水利工程施工的标准化管理。水利工程施工要依照标准进行，对施工人员的操作进行详尽的规范。

综上所述，在水利工程建设的深入发展下，人们在社会生产、生活中对水利工程的施工安全要求提高。其中，水利工程施工安全标准化体系能够有效保证水利工程施工的稳定进行，为此需要有关人员以水利工程安全评价体系，实现水利工程施工评价体系的标准化建设发展，从而在保证水利工程安全运行的同时更好地保障人们的生活、财产安全。

第六节　水利工程安全应急能力建设

随着社会发展及国家应急管理部要求，生产经营单位对本单位的安全生产工作负主体责任。自从新安规出来以后，国家相继出台的安全管理法律法规不断完善，要求越来越严，特别是生产经营单位各级负责人安全风险高。当安全事故发生后，地方政府和施工单位以及各个单位通过迅速启动应急方案，调集各个方面资源，展开应急抢险救援，避免带来或减少生命财产损失。所以加强水利工程施工中的应急管理，要遵循我国的科学发展观，遵

循以人为本发展原则，将人们的生命财产安全放在首位。因此加强对新技术的应用，保证施工人员的安全，采用现代化设备的引进，增强其质量和安全。

一、水利工程施工的安全应急能力管理现状

相关权威部门调查中显示分析，我国的水利工程施工中还存在一些问题，其面对的安全隐患更明显。特别是自然因素的影响、机械设备比较陈旧、老化、工作人员的安全意识不强及内部安全制度不够完善等原因，无法给予全面监管等，这些情况下都将给水利工程施工安全带来影响。具体表现在以下几点。

（一）自然因素复杂

水利工程地处深山、自然环境、地理条件复杂、道路交通不便等环节因素，所以，在建设和施工过程中，不可预见和控制的安全风险多，安全隐患处处存在。其中水电站多建设在山区、峡谷地区，不仅会危害人员的身体健康和安全，受自然环境、社会因素、人的因素等条件制约，一定程度上影响了工程的安全和质量，给施工单位从源头上安全管理带来难度，而这些安全隐患有时是不可控的。

（二）机械设备、监测设备陈旧

机械设备一般多采用老式的陈旧设备，安全监测设施不完善，整体上较为陈旧。在现代社会不断进步和发展下，随着经济水平的提升，水利工程施工中，其科技含量逐渐增加。在传统模式下，安全监测方法已经无法满足施工现场的安全施工要求。并且，一些机械、起重设施设备、漏电保护器、监测设备等，都在逐渐老化，其具备的功能不齐全，都将导致施工中安全隐患无法及时、准确处理，从而给现场施工人员带来危害。同时由于涉及成本、技术等力量不足安全隐患问题不能及时解决。

（三）人员安全意识淡薄

随着社会的发展，一线作业的人员越来越少，再加上市场用工不规范，作业人员文化层次参差不齐、安全意识淡薄等原因，对水利工程施工、建设知识少，无法充分了解，各行业、单位对安全管理认知大同小异，管理混乱，都给安全管理工作带来难度。由于涉及成本，一般很少采用专业技术强的队伍，一定程度上就给安全管理增加了隐患。

（四）监管力度不够

在水利工程施工过程中，一些企业和单位对存在的安全隐患排除不到位，尽管发现一些问题后，表面上都较为敷衍，甚至在日常安全检查中，缺乏重大危险部位的动态分析、监管不到位，措施落实不力。在水利工程现场施工，特别是习惯性违章、特种作业人员持证等方面整体上都很难管控，市场上很难招到持证上岗作业人员，尤其是特种设备操作证

和特殊工种证，存在不是无证作业就是证件过期，从而给作业单位带来较大的安全风险。

（五）安全制度不完善

我国的水利工程行业相关部门已经出台一些安全检查标准和流程，其中的内容更为广泛，同时又涉及各级单位不同行业的影响，各集团公司都有自己的管理办法，存在行业与行业之间、建设单位与施工单位之间、上级与下级之间对安全的系统认识层出不穷，还无法对其内容细化，达不到有效操作。制定的制度不完善，很难有效落地，无法为水利工程现场施工提供保障，存在安全隐患，不利于水利工程施工工作的稳定开展。

（六）技术措施落实不得力

由于受自然条件的限制、周边环境的影响、劳动力减少、制度不完善等原因，很多技术方案与现场实际操作落实过程中存在一定的距离，可操作性不强，存在技术方案很完善，现场实施过程中困难重重。另外对于一些危险性较大的分布分项工程作业一线工人技术力量更是薄弱。生产经营单位未及时获取和识别最新的法律法规及标准规范，导致很多新的技术要求都很难贯彻落实。

二、水利工程施工中安全应急管理对策

通过以上的分析，发现在水利工程施工中，受多个因素的影响，其安全隐患常常发生。如何做到"安全生产，预防为主"，提出合理的应急措施，确保在各个执行环节规范发展，加强对水利工程现场施工隐患的控制，使水利工程施工企业获得更高的社会效益和经济效益。

（一）应急组织机构的设立

第一，应急安全组织机构的设立。应急救援管理工作更为系统，在企业安全生产工作中，应急组织机构为安全管理工作中的主要部分。在实际工作过程中，应急组织机构需要按照我国的相关规定来设置。企业完善的安全管理保证体系，确保应急预案、应急救援组织、应急救援资源的形成。企业中还需要成立应急领导小组，负责安全生产工作的监督，保证在日常管理中，达到工作的全面落实。应急组织机构成员配备经验丰富、敢于吃苦耐劳、具备较高的综合素质。保证应急管理知识和应急操作技能的提升。该小组还承担监督检查工作，对企业的安全执行情况合理指导，避免违法违规行为的发生，促使应急救援管理工作的高效发展。第二，应急预案的编制。在安全生产工作中，保证应急预案编制水平的提升十分必要，需要将其作为主要内容。因为没有应急方案是无法给予安全隐患及时控制。其中，主要为综合性的应急预案和专项应急预案、现场处置方案。其中的综合应急预案可以在整体上作为指导意见，各个层次以及小组等按照具体的程序执行。专项应急预案是对不同的事件给予编制，期间需要对事件的发生类型、风险程度等进行分析。现场应急

方案是将其细化到各个环节中，应急组织针对其问题，能提出合理措施，这样在总体上才能促使方案作用的发挥。

（二）应急预案的培训和演练工作

为了提高应急救援人员的技术水平和整体能力，保证在日后的应急紧急救援工作中充分应对，需要开展日常的紧急救援培训工作。第一，思想教育。安全生产工作中，思想教育是安全发展提供基础条件。在一般情况下，需要给予多方面教育工作的完善。对思想路线和方针教育，需要保证各个生产管理人员、工作人员认识到安全生产工作的必要性，加强工作的认识，促使自身责任意识的增强。也要确保政策水平的提升，引导工作人员、管理人员全面掌握、理解我国安全生产方针、政策，促使安全生产工作的执行。在劳动纪律教育工作中，所有的工作人员需要严格遵循劳动纪律，认识到安全生产意义。劳动者在该执行条件下，不仅要遵守一定规则和秩序，避免违法指挥，还要遵守安全操作规程，增强人员的安全生产意识，遵循安全生产方针，保证人员伤亡事故的发生，为安全生产提供保障。第二，安全知识教育工作。企业中所有的工作人员都要掌握安全方面的基础知识。

全体成员都要参与到安全知识教育工作中，每年按照合理规定进行培训。安全知识教育工作，其包括多个内容，分别为：企业的实际生产情况、具体的施工流程和方法。在企业施工、作业危险区域内，要明确一些注意事项，特别是机械设备、运输方面有关的安全知识。在高空作业中和生产期间应用的有毒有害气体等，都需要掌握安全防护知识，保证在合理范围内利用一些知识充分应对。使其安全知识能够横向到边纵向到底。第三，应急技能的提升。安全生产工作中最重要的就是安全培训。一般情况下，应急知识培训工作需要在理论知识、实际操作工作中执行。为了使人员能够在紧急情况下明确事态的发展情况，在对理论知识培训中，结合不同工种，分析险情实际情况，掌握具体的安全技术和知识等，提出相对应的应急方案。在实践操作培训工作中，结合专业特点，给予人员的应急技能、应急防护能力的提升和培训，结合我国的相关规定，在架设、焊接、爆破等工作中，这些特殊的人员都需要给予专业培训，保证他们考核合格后带证上岗。对于一些长期转岗、脱岗的人员，也要积极参与到实践培训中，保证他们在上岗前期，能充分掌握安全方面的知识，学会规范操作。也可以将他们带入到真实场景中训练，在大型事件中，能判断其危害，也能在事故发生时展开自救，保证组织的安全、有序撤离。

（三）危险源的控制和判断

在企业应急工作中，执行前期控制，为工作中的重点。应急工作只有在前期进行控制，才能避免事故的发生和减少。其中，加强对危险源的判断和控制为事前工作的一部分，为了确定存在的危险源，需要在几方面给予分析。（1）探讨容易危害人身安全、设备、爆炸以及洪水带来的滑坡危害等。（2）分析作业环境是否良好，避免安全事故的增加。（3）探讨事故的发生频率和严重性，如果作业密度较高，将带来较大危险。在水利工程生产经营工作中，存在的危险源为：生产用电、爆破器材、设备、有毒有害气体、滑坡坍塌危险地段等。所以，加强对危险源的判断和控制，为其制定有效的防护措施和技术对策十分必要。当确定好危险源后，需要对具体的管理范围分析，将工作传达给每个人员。加强对危险源安全标牌的设立，现场关系人员对安全工作和区域详细分析和全面把握，当发现危险源产生变化后，需要给出有效措施，以维护整个作业的安全。

（四）安全应急措施

第一，人力资源应急措施的提出。企业在对人员进行培训、储备中，需要选择和企业自身生产能力适应的人员，保证安全人员带证上岗，也要及时参与到评审工作中。在现场施工中，结合项目的实际情况，为作业配备专业安全人员，每个班组可以配备一名兼职人员、专业人员，确保整体的统一化。其中的兼职人员，都是各个组织班长兼职，他们不仅要熟练掌握相关技术，也能对工程作业情况全面了解，在团队中具备更高威信。对于新进人员，结合具体的工作规定，实施安全教育培训工作。第二，资金投入工作中，每年可以按照施工任务为其引进安全投入资金，保证在各个项目中，促使施工进度的严格控制。也要为企业提供专项资金，在单位财务的控制指导下，不仅要给予监督，提出合理的安全措施，还要将安全工作提升到更高水平上。第三，物力的投入。在企业安全机构，需要为其提供一些应急物资等产品。对于企业内的各个项目，结合具体的工程规模、进度等实际情况，给出产品需求计划，达到项目施工工作更稳定。项目部还需要按照具体计划，在安全投入费用完的情况增加安全投入。

（五）安全生产检查工作

安全生产工作中，其存在的主要内容为应急计划工作、应急布置工作和应急检查工作。施工企业在对应急生产布置工作安全有效维护期间，要为其制定完善的应急检查计划。应急安全检查一般在两个方面执行，分别为常规性的检查和专项检查与定期检查和不定期检查。对应急救援工作中做得好的人或单位给予重奖，激励周边的单位和人学习。加强单位应急管理能力人才的建设，配备技术能力强，专业水平扎实的管理人员，从源头上消除隐患。对应急能力管理随着生产过程中时刻动态管控，重大危险部位实施 24 小时监控，充分利用人与科学密切配合的手段加强管理，可以大大提高的做好突发事件的提前应急管理能力。对于检查中未认识到应急工作的必要性的人员加大培训力度，对于明显的违规指挥、违规操作等现场及时制止。在工程前期就要提前做好策划，认真遵守和执行我国的法律法规、政策等，避免劳动条件不合理，禁止工伤事故、职业危害等问题的发生。也要为其提出有效的控制措施，提高应急能力对策。

通过以上的分析和研究，在水利工程施工期间，安全问题受到广泛关注。在现代化社会发展下，水利工程施工企业要得到长期进步，一定要更好地维护工程安全。一些单位和部门需要加强对工作人员的监管工作和安全教育，采用先进的应急手段和设备，在维护人们生命财产安全条件下，为其发展提供强大保障，这样水利工程施工工作才能更安全，实现其繁荣进步。

第十三章 水利水电工程验收

第一节 水利水电建设工程质量验收评定标准变化

一、修订范围和标准确定

(一)修订的缘由

1988 年至 1999 年,为保证水利水电建设工程施工质量,加强水利水电工程施工质量管理,水利部陆续颁布了:《水利水电基本建设工程单元工程质量等级评定标准(试行)》(SDJ249.1 ~ 6 — 88)、《水利水电基本建设工程单元工程质量等级评定(七)———碾压式土石坝和浆砌石坝工程》(SL38 — 92)共 7 项(水工建筑物工程、金属结构及启闭机械安装工程、水轮发电机组安装工程、水力机械辅助设备安装工程、发电电气设备安装工程、升压变电电气设备安装工程、碾压式土石坝和浆砌石坝);《堤防工程施工质量评定与验收规程(试行)》(1999);《水利水电工程施工质量评定规程(试行)》(1996),《水利水电建设工程验收规程》(1999)。这 10 项有关水利水电建设工程质量评定及验收方面的技术标准,基本构成水利水电工程质量验收、评定的标准体系。对提高我国水利建设工程施工质量起到了很大的促进作用。这期间,水利部于 1995 年和 2002 年 12 月分两次组织编写并颁发了《水利水电工程施工质量评定表填表说明与示例》(试行)(办建管〔2002〕182 号),对原标准进行解释,对评定表格的形式和表格的填写进行了统一的规定。指导施工单位、监理单位和建设单位进行质量评定,使用非常方便。但也有副作用,造成只认填表示例,不认规范,形成一个本末倒置的现象。此次标准修订就是想把这个误区转变过来。但是,随着我国社会经济的发展和工程建设市场的不断完善,近年来我国的水利建设施工技术水平和建设管理水平都有了较大的提高。主要有:新技术、新工艺、新材料和新设备得到广泛应用;水利工程建设管理体制发生重大改变;工程建设质量管理有关的法规、制度相继颁布实施;施工质量有关的规范、标准不断修订和陆续出台。这些都使得已经实行多年的质量评定和验收标准不能适应当前水利建设工程质量管理的要求和工程建设的需要。因此,对上述 10 项标准进行相应的修订和补充,以适应水利工程建设需要是十分必要的。

（二）修订的内容

2007 年制订 1 项管理办法：（2007 部颁 30 号令）《水利工程建设项目验收管理规定》；2007 — 2008 年修订 2 项规程：对《水利水电建设工程验收规程》和《水利水电工程施工质量评定规程（试行）》进行修订；2012 — 2013 年合并完成 9 项单元评定标准：《水利水电工程单元工程施工质量验收评定标准》（SL631 ~ 637 — 2012）（SL638、639 — 2013）（土石方工程、混凝土工程、地基处理与基础工程、堤防工程、水工金属结构安装工程、水轮发电机组安装工程、水力机械辅助设备系统安装工程、发电电气设备安装工程、升压变电电气设备安装工程）。

最终形成由"1 个规定，2 个规程，9 项单元评定标准构成的水利水电建设工程质量验收评定管理体系"。

二、施工质量管理与验收评定标准

（一）部颁规定、规范主要变化

水利部的规定和验收及评定的水利规范与原来的内容虽然篇幅变化不大，但有 2 个明显变化：一是把原来单独的堤防工程验收和评定规范统一到了新规范中；二是在新的验收规范明确了法人验收和政府验收概念，使工程建设参与各方更好地理解了什么是履行合同职责的验收和政府规定的验收，把合同当事人的合法权益问题与政府强制性规定问题表述得更加清楚。

（二）施工质量的含义

"施工"从广义讲包括"安装"；"施工质量"有特别的含义，是通过施工活动形成的工程实体的质量；"工程质量"含义更广泛，除施工活动外，还包括"设计质量"等其他多种因素，SL176 规程也是针对"施工质量"，原标准中"单元工程质量"不确切。

（三）施工质量验收的理解

1. 本标准强调的就是"施工质量验收"。这里的"验收"仅指对"施工质量"的验收。

2. 作为水行政主管部门（政府）应强调验收而不是"等级评定"，等级评定达到合格并通过验收是完成施工合同的基本要求。从国家历来关于工程质量监管政策也强调验收为主。"上道工序不验收，不进行下道工序施工"是质量管理的通用原则。水利工程建设项目具备验收条件时，应当及时组织验收。未经验收或者验收不合格的，不得交付使用或者进行后续工程施工。

3. 合格标准是工程验收标准，优良等级是为工程项目质量创优或执行合同约定而设置。不合格工程必须进行处理且达到合格标准后，才能进行后续工程施工或验收。水利水电工程施工质量等级评定的主要依据有：国家及相关行业技术标准；《水利水电工程单元工程施工质量验收评定标准》（以下简称《单元工程验收评定标准》）；经批准的设计文件、施工图纸、金属结构设计图样与技术条件、设计修改通知书、厂家提供的设备安装说明书及有关技术文件；工程承发包合同中约定的技术标准；工程施工期及试运行期的试验和观测分析成果。

（四）SL176－2007的规定

工程质量检验项目和数量应符合《单元工程验收评定标准》规定。

工程质量检验方法，应符合《单元工程验收评定标准》和国家及行业现行技术标准的有关规定。工程质量检验数据应真实可靠，检验记录及签证应完整齐全。

（五）质量检验工作归纳

质量检验的定义为：通过检查、量测、试验等方法，对工程质量特性进行的符合性评价。

1. 检验包括施工"三检"（施工的记录资料）；监理"巡视检验"。

2. 检测有施工"试样检测"或"施工自检"；监理"跟踪检测、平行检测"；发包人或项目法人"第三方对比检测"。试样检测、跟踪检测和平行检测、第三方对比检测工作都应由具有国家规定的资质条件的检测机构承担。平行检测和第三方对比检测的费用由发包人或项目法人承担。对比检测的对象包括工程原材料、中间产品、实体质量；钢筋、水泥、砂石骨料、粉煤灰等主要原材料和砂浆试块、混凝土试块、预制构件等中间产品以及实体质量中的填土、堆石、砌石、砼、地基及基桩质量；对比检测数量应不少于施工单位按规程规范要求自检数的15%；《水利工程建设项目施工监理规范》中所规定的监理单位的平行检测可视为对比检测的一部分。

（六）质量检验职责范围

永久性工程（包括主体工程及附属工程）施工质量检验应符合下列规定：

1. 施工单位应坚持三检制。施工单位应依据工程设计要求、施工技术标准和合同约定，结合《单元工程验收评定标准》的规定确定检验项目及数量进行班组自检、施工队复检、项目经理部专职质检机构终检，做好书面记录。在三检合格后，填写《单元工程施工质量验收评定表》报监理单位复核。监理单位根据抽检资料核定单元（工序）工程质量等级。发现不合格单元（工序）工程，应要求施工单位及时进行处理，合格后才能进行后续工程施工。对施工中的质量缺陷应书面记录备案，进行必要的统计分析，并在相应单元（工序）工程质量评定表"评定意见"栏内注明。

施工单位应及时将原材料、中间产品及单元（工序）工程质量检验结果报监理单位复核。并按月将施工质量情况报送监理单位，由监理单位汇总分析后报项目法人和工程质量监督机构。

2. 监理单位应根据《单元工程验收评定标准》和抽样检测结果复核工程质量。其平行检测和跟踪检测的数量按《水利工程建设项目施工监理规范》SL288—2003 或合同约定执行。

3. 项目法人应对施工单位自检和监理单位抽检过程进行督促检查，对报工程质量监督机构核备、核定的工程质量等级进行认定。

4. 工程质量监督机构应对项目法人、监理、勘测、设计、施工单位以及工程其他参建单位的质量行为和工程实物质量进行监督检查。检查结果应按有关规定及时公布，并书面通知有关单位。

三、单元工程评定标准的主要变化

（一）统一体例

标准的修订要满足水利部发布的《水利技术标准编写规定》(SL01 — 2002)的编写要求。修订后的标准正文部分设置总则、术语、技术内容 3 大项内容，同时增加了条文说明。尤其是在体例格式、文本结构、用词等方面，9 本标准尽量一致，相互之间密切联系、衔接协调。

（二）加强工序控制

增加了工序划分，主要参照现行标准和《水利水电工程施工质量评定表填表说明与示例》以及施工的程序，对单元进行了工序划分。通过工序的质量控制来进一步体现"过程控制"的原则。

（三）统一施工质量检验项目分类

本次修订后将质量检验项目统一规定为"主控项目"和"一般项目"两类。"主控项目"是指在保证单元工程功能或安全、卫生、环保等方面，起决定作用的检验项目；"一般项目"是指主控项目以外的检验项目，允许有少量偏差和小的缺陷。

对检查和检测项目在给出明确质量标准的同时，并规定了该项目的抽样频度或样本量，以及检验方法等。

（四）标准内容的调整

根据水利建设工程实际情况，适当调整和增加标准中的单元工程，并注意修订后标准条款中对新的工程经验、科技成果的体现情况等。

（五）统一表现形式

在技术内容部分，以表格形式来表述各检验项目的内容、检验方法、检验数量等质量要求，条理更清晰，也便于施工人员、质量管理人员特别是终检人和监理工程师理解和使用。

四、单元工程验收评定标准修订的原则

（一）强化施工过程控制

强化施工过程中的质量控制和检测，明确了验收评定的组织、条件、方法和程序，落实质量责任。

1. 强调了工序的划分和验收评定。在工序验收评定的基础上，再进行单元工程的质量评定，尤其是土建工程。

2. 强调了施工过程质量检验记录的真实、完整，强调了各种检测、检查记录必须有相关责任人签字。

3. 强调了"三检制"的落实。要求在验收评定中要提供"三检"的检查记录，而不是将"三检"合并成"一检"。

4. 结合现行的水利工程建设管理体制，增加了有关建设单位、监理单位在单元工程验收中的工作内容，强调了监理单位的平行检测。

（二）现行标准选取次序

标准编制的主要依据是现行有效的水利标准和国家标准，必要时参考有关行业的相关标准。注意了与相关设计、施工标准的统一与协调。强调每个检验项目的质量要求有依据、有出处。对同一检验项目在不同的标准中有不同的质量标准现象，采取水利行业标准优先的原则。

（三）强调对单元工程和工序的验收

单元工程是构成工程实体的最小实体，是施工质量考核的基本单位。很多单元工程验收后就被覆盖，没有再次复检的机会，因此应严格进行质量控制，是实体质量控制的源头。

按现行的"验收规程"和"评定规程"规定，自单元以上的分部工程、单位工程的验收评定主要是以单元工程质量评定结果的统计计算，对实体工程质量涉及较少，所以强调对构成工程实体的最小单位———单元工程的进行验收和评定。明确以验收为主，评定为辅。

1 个规定、2 个规程、9 项单元验收评定标准构成的水利建设工程质量验收评定管理体系，需要参建各方充分重视，认真学习和深刻领会，才能使质量管理体系符合新标准的要求。水利工程从对工程最小实体———单元（工序）工程施工质量进行验收评定，实际是对参建单位质量管理工作水平的能力测试，最低标准应达到工程质量合格标准。

第二节　水利工程建设验收制度

一、水利工程验收的含义

工程验收是工程建设的基本程序之一，是保证工程建设质量和安全，有效发挥工程效益的重要环节，其工作内容涉及行政性规定，程序性规定和技术性规定，是行政管理与技术管理紧密结合的工作。

水利工程验收是政府或相关部门，依据相关法规制度，组织工程建设参建单位或部门，对水利工程项目建设结果的检验，是在工程质量评定的基础上，依据规定的验收标准，采取一定的手段来检验工程产品的特性是否满足规范规定的验收标准的过程。

二、水利工程验收的相关法律、法规依据

（一）《水利工程建设项目验收管理规定》（水利部 30 号令）出台以前的法规制度

在《验收管理规定》出台以前，我国并没有一部专门的法律法规来明确和规范基本建设程序和验收，只是在一些综合性的法律、法规中有规定。这些法律法规主要有：《建筑法》、《建设工程质量管理条例》（国务院令 279 号令）、《国务院办公厅关于加强基础设施工程质量管理的通知》（国办发［1996］16 号）、《国家重点建设项目管理办法》（1996年 6 月国务院批准）、《建设项目（工程）竣工验收办法》（计建设［1990］215 号）、《南水北调工程验收管理规定》（国调办建管［2006］13 号）、《建设项目竣工环境保护验收管理办法》（国家环境保护总局 2001 年第 13 号令）、《开发建设项目水土保持设施验收管理办法》（水利部 2002 年第 16 号令）、《水利工程建设项目档案验收管理办法》（水办［2008］366 号）、《财政部关于加强和改进政府性基金财务决算和中央大中型基建项目竣工财务决算审批的通知》（财建［2002］26 号）、《财政部关于加强和改进政府性基金年度财务决算和中央大中型基建项目竣工财务决算审批的补充通知》（财建［2002］150 号）、《关于水电站大坝安全监管、水电站建设竣工验收管理和原国家电力公司大坝安全监察中心归属问题的意见》（中央编办函［2004］61 号）、《水利基本建设项目竣工决算审计暂行办法》（水监［2002］370 号）、《关于加强农村水电站工程验收管理的通知》（水电［2004］308 号）、《关于进一步加强病险水库除险加固建设管理工作的通知》（水规计［2003］545 号）、《水利水电建设工程验收规程》SL223—1999、《水利水电工程施工质量评定规程（试行）》（SL176—1996）、《堤防工程施工质量评定与验收规程》（试

行）（SL239 — 1999）、《印发关于贯彻落实加强公益性水利工程建设管理若干意见的实施意见的通知》（水建管［2001］74 号）、《国家重点建设项目管理办法》（计建设［1996］1105 号）、《审计机关对国家建设项目竣工决算审计实施办法》（审投发［1996］346 号）、《建设项目（工程）档案验收办法》（国档发［1992］8 号）、《开发建设项目水土保持设施验收管理办法》（水利部 16 号令）、《建设项目竣工环境保护验收管理办法》（国家环境保护总局第 13 号令）等。

（二）原有的法规在水利工程验收执行过程中存在的问题

上面提到的这些法律法规中，涉及水利工程验收的部分，大多是比较专业的技术规范，无法对工程验收进行统一协调。一项水利工程验收要参照多部法律法规，实际应用过程中存在各种各样的问题，主要表现在以下几个方面：

1. 这些综合性的法律法规，学习起来然后再灵活加以运用，同时要考虑各相关法律法规的规定，操作起来难度相当大。

2. 验收主体确定原则不清，工作程序没有明确规定，往往是工程建设基本完成后、验收前临时会议确定，这样就造成验收组织和程序缺乏规范。

3. 验收工作是事物性强，责任重的工作，行政部门没有明确的责任和标准，起不到应该达到的效果，反而影响验收工作。

4. 验收工作本身质量低。水利工程政府或部门组织的验收中，专业评估工作主要靠以专家个人身份参加组建的专家组工作为主，普遍存在评估工作时间短、范围不全、深度不足问题。

5. 验收相关单位和人员的验收责任不够明确，验收出现问题时难以真正落实责任追究制度。

6. 验收规程的内容不能涵盖全部水利工程验收的内容，尤其是一些专项验收等没有专门的依据。

（三）水利工程验收新的法规和标准

水利部 2007 年以后，相继出台了《水利工程建设项目验收管理规定》（水利部 30 号令），2007 年 4 月 1 日起施行；《水利水电工程施工质量检验与评定规程》（SL176 — 2007），2007 年 10 月 14 日起施行；《水利水电建设工程验收规程》（SL223 — 2008），2008 年 6 月 3 日起实施。《水利水电建设工程蓄水安全鉴定和竣工验收技术鉴定导则》2007 年 9 月 18 日起试行。这些新的法规和标准的颁布和实施，建立了我国新的水利工程验收体系，标志我国水利工程建设管理从此迈入一个依法科学管理的新时代。

三、水利工程验收新的验收体系的特点和内容

《水利工程建设项目验收管理规定》（水利部 30 号令）对验收工作中涉及的行政管

理相关内容提出明确要求，总原则是：分类验收、明确职责、调整地位、验评分离、过程控制、加强监管、强化检测。明确规定了验收的主要原则、程序和责任主体，在实际运用过程中具有可操作性强的特点。该规定主要有下面这些具体而明确的内容。

1. 增加了加强对验收工作监督管理的内容。

2. 对验收类型进行了重新划分，将水利工程建设项目验收按验收主持单位性质划分为法人验收和政府验收两大类，对原有各项验收的责任主体作了调整和进一步明确。

3. 对竣工验收主持单位重新设定了确定原则。这样就可以在工程开始建设前就明确验收主持单位，使验收主持单位可以提前做好准备工作，发挥其应有作用。

4. 进一步突出了质量监督机构在验收工作中的职责，使验收工作更加注重质量监督。

5. 增设竣工验收技术鉴定，现在要求大型工程必须做，中型工程由竣工验收主持单位决定。进一步从技术角度明确规范验收工作。

6. 取消竣工初步验收，增设竣工技术预验收，由竣工验收主持单位负责。改变不必要的重复性工作，增加技术规范的作用。

7. 关于竣工验收质量抽检不强调必须做，竣工验收主持单位有权决定是否进行质量抽检。

8. 《验收管理规定》对竣工验收时间进行了重新设定。将竣工验收时间调整为在工程建设项目全部完成并满足一定运行条件后 1a 内进行，具体运行条件将根据水利工程的不同类型在修订的验收规程中分别做出规定。

9. 关于验收依据与验收单元都做了明确的规定。

10. 关于验收委员会（验收工作组）组成，根据法人验收、政府验收以及投资来源的不同进行了新的规定。

11. 《验收管理规定》根据有关部门或专业的规章要求，增加了专项验收工作，包括（水保、环保、档案、移民、消防、劳动安全）。规定在竣工验收前，应完成该工程项目所有的专项验收。

12. 关于颁发竣工验收证书方面，对分部、单位工程验收鉴定书和竣工验收证书的颁发和管理作了新的规定。

13. 《验收管理规定》专设一节对工程移交及遗留问题处理做出规定。

14. 《验收管理规定》明确规定了相关单位和人员的验收责任。还专设了罚则一章，对违反有关规定的行为给予相应的惩处。

15. 《水利水电建设工程蓄水安全鉴定和竣工验收技术鉴定导则》对竣工验收技术鉴定工作如何开展，工作程序、方法、内容、深度等都做了比较详细的规定。

16. 《验收管理规定》对合同工程验收进行了明确的说明。《验收管理规定》以专门的行政文件对水利工程建设和验收行政行为进行全面、系统的规范，明确了验收主体和规范基本建设程序，这样就能够统一协调管理，理顺建设各方管理关系，明确各方在水利建设中的责任，规范验收行为。

验收工作中的具体技术要求也随着《水利水电工程施工质量检验与评定规程》（SL176－2007）、《水利水电建设工程验收规程》（SL223－2008）；《水利水电建设工程蓄水安全鉴定和竣工验收技术鉴定导则》这些新的法规和行业标准、规范的颁布实施而明确清晰起来，我国的水利工程验收新的体系成型，使我国的水利工程验收工作有了比较科学完整的法律依据和技术标准依据。我们相信，水利建设相应的法律法规必将会更加进一步完善。

当前，政府大力加强基础设施建设，尤其是重点加强水利基础设施建设。作为水利建设的管理者，要严格按照国家的法律法规执行水利工程建设管理程序。

因此，无论是政府主管部门，还是工程建设各参建单位，工程技术人员等都要加强对国家水利工程建设相关法律法规宣传学习，认真学法，加强运用。只有深刻理解了现行水利工程验收与质量管理相关技术标准基本框架，理会水利水电工程验收体系，充分把握验收规章、验收规程、质量评定标准、质量评优标准这些法规标准条文，才能依照新的制度和规程，做好水利工程验收工作，保证水利工程建设的质量与安全，提高水利工程建设管理水平。

第三节　水利工程验收工作的组织与实施

水利水电工程无论是治理江河、城市防洪、除涝，还是蓄水灌溉、解决饮水、开发水电，其质量好坏都关系到国计民生和城乡人民生命财产的安全。由于水利工程具有投资多、规模大、建设周期长、生产环节多、多方参与等特点，根据工程的进展情况，及时组织验收工作来控制工程质量是非常必要的。

一、验收标准的分类和相应的验收程序

水利水电工程目前的验收标准主要有《堤防工程施工质量评定与验收规程（试行）》SL239—1999《小型水电站建设工程验收规程》SL168—96和《水利水电建设工程验收规程》SL223—1999。并且在验收过程中按《水利水电建设工程验收规程》SL223—1999和不同的工程所依据的标准的要求，根据施工的不同阶段进行分部工程验收、阶段验收、单位工程验收和竣工验收。这就要求参建各方和验收主持单位要使用相应的标准组织验收工作，不要混淆使用。特别是堤防工程验收前要进行的工程质量抽检工作、小型水电站工程的机组启动验收等工作，都是针对工程特点进行的必须要求，不可或缺。

二、验收标准中的疑问

（一）在《水利水电工程施工质量评定规程（试行）》SL176—1996 标准中，无论是分部工程还是单位工程的质量评定标准，都有"原材料质量、金属结构及启闭机制造质量合格"这一条款，这句话可以理解为：金属结构达到合格即可以使分部工程、单位工程评定为优良。这样与 SDJ249.2—88《水利水电基本建设工程单元工程质量等级评定标准（试行）》中可以评定金属结构为"优良"的标准有出入，导致金属结构只要合格就可以了，没有必要追求达到"优良"的标准。无形中降低了施工质量的标准和追求。

（二）在《堤防工程施工质量评定与验收规程（试行）》SL239—1999 标准中，堤防工程的项目划分中将"交叉、联接建筑工程"列为一个单位工程。因为它属于堤防工程的一部分，本应按本标准进行评定、验收，但该标准中缺少关于"混凝土质量、金属结构及启闭机制造、机电"的质量要求，只在单位工程质量评定的优良标准中说"混凝土拌和质量必须优良"，其余没有对这部分工作进行说明应按哪些标准进行评定。我们目前是将"交叉、联接建筑工程单位工程"，按《水利水电工程施工质量评定规程（试行）》SL176—1996 标准进行外观评定和质量评定。堤防工程中关于丁坝、护岸等险工部分利用堤防工程外观质量评定表中的"外部尺寸、轮廓线顺直、表面平整度、曲面平面平顺连接、砌体排列、砌缝质量"项目进行外观质量评定。但交叉、联接建筑工程本是堤防工程一部分，而且已颁布了堤防的评定标准，却还需借用别的标准？何况标准中也未进行这方面的说明。

（三）在《堤防工程施工质量评定与验收规程（试行）》SL239—1999 标准中，单位工程的质量评定标准"合格、优良"标准中都有"施工质量检验资料齐全"这一条款，按《水利水电工程施工质量评定规程（试行）》SL176—1996 这个标准，应该是单位工程的质量评定标准"合格、优良"标准中"施工质量检验资料基本齐全 / 施工质量检验资料齐全"。这一点让人很难理解：堤防工程的施工质量的重要性全部体现在质量检验资料上了？其他的水利工程就不重要吗？

三、标准使用中存在的问题

（一）要防止错误使用。正如在前面所说的，相应的工程要使用各自的验收标准，执行各自的验收程序。这些是针对工程特点必需进行的，不可或缺。那么就要求堤防工程必须使用《堤防工程施工质量评定与验收规程（试行）》SL239—1999 标准，小水电站工程必须使用《小型水电站建设工程验收规程》SL168—96 标准，其余工程可以共同采用《水利水电建设工程验收规程》SL223—1999 标准。而施工质量评定工作在没有自己标准的情况下，统一采用《水利水电工程施工质量评定规程（试行）》SL176—1996 标准。但堤防工程除外。

（二）标准应用不规范。在施工不同阶段进行分部工程验收、阶段验收、单位工程验收和竣工验收时，要按照《水利水电建设工程验收规程》SL223—1999标准的要求做出相应的验收文件，标准规定：验收签证及验收鉴定书等资料的原件数量应为 4～6 份，满足相关参建单位存档的需要。但是在目前的验收工作中，往往只做出 2～3 份验收资料，甚至有的工程竣工验收鉴定书只有 1 份，远远不能满足各参建单位存档、招投标和进行各种申报活动的需要。

（三）关于使用标准的参照执行。水利行业标准中很多标准的总则中都指出："本规范适用于 ×× 型工程，其他的 ×× 型工程可参照执行"。但是在具体的执行过程中，没有文件明确的约定：哪些条款是必须执行的，哪些条款是参照执行的（或者是如何参照执行）。造成在实际使用中，某些部门或个人只是考虑个人得失一味的要求全面执行，而不考虑参照执行，从而形成了施工生产中不是选用各方认可的、明确的标准，而是使用某些人意志下的标准。

四、各参建单位的职能要充分发挥

工程的施工质量是通过各个参建单位的共同努力来实现的。同样，在验收工作中也需要各参建单位共同努力，在验收中存在的问题已经不单独是哪一个单位的事情，各方要全面协调，执行《建设工程质量管理条例》和《水利工程质量管理规定》，充分发挥各自职能作用，不要扯皮、推诿。

"百年大计，质量第一"，是我们奉行的一贯方针。只有施工、质量评定和验收工作按相应标准进行，才能真正确保工程的质量。

由于标准中的条文说明是标准的一部分，同样具有约束效力，有些问题应该在条文说明中进行具体说明。做细条文说明的工作。

标准在执行过程中随时可能发现问题，是否可以采用法律界进行"司法解释"的做法，对一些标准中存在的问题进行说明（局部修订），这样可避免重新颁布产生的大量工作。

第四节　水利工程建设项目验收

一、项目验收问题及规范重要性

（一）水利工程建设项目验收问题

从当前的水利工程建设项目验收的现状能发现，其中还存在着诸多的问题有待解决，主要体现在几个重要层面，水利工程的质量评定方式执行当中存在着不足。工程验收的规程当中有规定，竣工验收时间短以及需要进行质量评价，一些监督机构人员的素质和现场质量的因素影响，就会造成质量验收评价意见没有准确呈现。以及在工程实体和设计图纸方面的要求没有符合实际，施工设备以及原材料的要求高，监管不到位的时候就会造成设备和原材料质量不合格的情况发生，这对施工设计图纸的设计要求就不能达到。另外，水利工程建设项目的验收中，测量控制点的破坏以及在档案整理的不规范等方面都是比较突出的验收问题。没有把验收管理工作纳入到法制化制度化的建设当中去，在具体的实施中一些参建单位对验收工作认识不足，验收管理走过场的现象比较突出，这就使得监督以及检验的效果不佳。

（二）水利工程建设项目验收规范重要性

水利工程的实际建设过程中，项目验收没有规范化，这就比较容易造成验收质量问题。在当前的水利水电工程的施工验收规定颁布后，对工程项目验收就提供了法律依据。在对工程建设验收规程的实施后，验收的管理责任得到了有效明确，对重点内容进行了突出，如验收管理中对法人验收有着强调。增加了技术验收的内容，验收技术的鉴定环节也得到了有效强化。新的水利工程建设项目的验收规程的实施下，保障了项目验收工作的规范化开展，对提高整体的工程验收质量发挥着积极作用。

二、项目验收的思路以及措施

（一）水利工程建设项目验收的思路

水利工程建设项目验收工作的开展，需要有明确的执行思路，这样才能提高项目验收的整体质量。在具体的验收工作开展当中，就要主要宣传工作的良好实施，要能全面启动监督机制，各行政主管部门要能对相应验收的规程进行宣传，将准备工作做好。再者就要加强相关验收工作理论知识的学习，从整体上提高认识，通过对水利工程建设项目验收规程的相关内容学习，加强理论的认识，才能更好地指导实践工作，使相应规章制度得以有效落实。另外，水利工程建设项目的验收工作开展，要能有强烈责任感以及使命感，能够保障水利工程建设项目的整体质量。还需要参与到水利工程建设项目验收规程制度的修编工作当中去，为具体的验收工作的科学化开展打下坚实基础。

（二）水利工程建设项目验收的措施

第一，要加强验收安全鉴定制度完善建立。水利工程建设项目验收工作的开展过程中，要能从多方面增强质量意识，工程竣工验收的设定目标是对技术性的验收，要有专业技术人员参与到验收工作当中去。需要从验收安全鉴定制度方面进行积极完善，从这些基础层面加以强化，才能保障验收工作的顺利实施。

第二，加强工序质量验收工作开展。水利工程建设项目的验收工作开展过程中，要充分注重从工序方面验收工作着手实施，作为工程建设程序中的重要阶段，竣工验收制度的完善制订中，对工序以及单元工程的质量验收要加强，验收和评定相分离，将验收以及过程的控制方面要加强重视，通过验收手段的多样化实施，保障验收工作的整体质量。同时要将监理单位在验收工作中的作用充分发挥，将其主体地位鲜明地突出，监理单位受到项目法人委托实施工程管理，所以监理单位有着完备主持工序等法律地位。

第三，加快验收法制化的进程推进。水利工程的建设过程中，建设项目的验收工作开展要能和法制化的发展要求紧密结合起来，把验收管理工作和法制化的发展相结合，探索竣工验收备案制度的可行性。当前的竣工验收是没有义务承担工程质量法律责任主体，在验收备案制度的实施后行政主管部门能有更多的时间精力，从而能在验收工作的监督管理方面加大力度，这对提高水利工程建设项目整体验收管理工作的质量就有着积极意义。

总而言之，水利工程建设发展当中，项目验收工作的开展需要从多方面加强重视，在对验收的方法应用中，需要和水利工程建设项目等紧密结合起来，从各个环节的验收质量控制方面加强，提高工程项目验收的整体质量水平。希望通过此次对水利工程建设项目的验收工作理论研究，能为解决实际问题起到积极促进作用。

第十四章　水利工程施工监理

第一节　水利工程施工阶段监理的质量控制

一、水利工程施工阶段监理内容

（一）审查工程图纸设计质量

审查工程图纸设计质量是施工监理的关键环节。图纸设计的质量将直接影响后续水利工程施工的安全性和可靠性。因此在图纸设计环节要进行严格的审核把控。这就要求水利工程图纸在编制以前，要有建设方、设计方、监理方、上级主管单位等多部门参与图纸设计的评审工作，最大限度地减少图纸出现偏差的可能性。

（二）施工方案监理

施工方案是监理的关键依据，例如项目建设地点、项目建设地基环境、基础挖掘方法、施工方法、材料规格等，重要的钢筋水泥、砌石材料的施工方案等。这些相关资料应及时汇报项目监管单位和相关的监管人员，同时应做好报备工作，为监理单位和监理人员进行实地监理提供方案依据。

（三）审查原材料、中间产品及设备制造质量

原材料、中间产品和设备是水利工程建设最基本的物资基础，是构成工程建筑基础性的部分。施工材料监理是整个监理工作的重点和难点，这给提高工程监理工作提出了全新的挑战。由于材料输入市场化，进入市场的材料出现以次充好、缺斤少两等现象，如果监理不严格，则会造成劣等质量的材料进入预项目建设中，从而导致水利工程产生质量问题。

（四）施工现场监理

督促承包商执行工程承包合同，加强工序控制和检查认证。核定完成的工程量，签发工程付款凭证，审查工程结算；对工程建设中用到的各种设备及材料的检查及监理，对施工过程实施全方位的监管。

（五）施工人员监理

在水利工程施工建设中，还应工程施工人员和管理人员的培训监督；对工程各岗位人员进行岗前培训；对小型水利工程现场水文条件、经济发展等情况施工人员进行告知；全面分析工程施工实际情况，并做出项目可行性报告；严格监督水利工程中施工过程中发现任何虚报、作假等情况，并对相关规定进行处理和上报。

二、加强水利工程施工阶段监理对策

（一）加强施工现场管理，控制施工质量

在水利工程施工中，监理人员应加强对水利工程施工现场的监理，以更好的保障施工。首先，应加强对工作人员的管理，通过落实责任，不断提高工作人员的安全意识及操作水平，规范施工操作，确保施工安全；其次，加强材料监管，确保材料质量；此外，加强施工设备的监管，确保施工能够按规定程序顺利进行。对施工现场进行全面监管，实现监管在水利工程中的有效应用。不仅如此，工程监理人员应当亲自到施工现场来对关键施工环节，如钢筋施工、混凝土施工进行实时监控，以确保工程施工质量达到相应的标准要求。

（二）建立质量检验工作制度

水利工程监理可以建立相关质检制度，例如开工申报制度；建筑材料及设备购买、验收、储存制度；验收制度；请假制度；安全制度等一些与施工有关的制度。并且在施工时可以对原材料及中间产品质量进行抽样检查，通过发现质量缺对不合理的行为进行处理；对质量安全进行责任制，如果产生问题还可以指定调查处理制度、工序及单元工程质量检验制度等来保证水利工程的监管质量。

（三）制订质量检验工作程序

水利工程监理，应该对承包商实行三检制，首先对施工质量进行自检，并且作好施工记录，及时填写水利工程施工质量评定表；其次自评合格后，由现场监理工程师进行检验，并且核定工序以及单元工程质量等级；最后重对隐蔽工程及工程关键部位进行检验，在自评合格后，由建设方、设计方、监理方、上级主管单位等多部门组成联检小组，共同评定该水利工程的质量等级。对于次要的分部工程、单位工程、单位工程外观质量、原材料以及中间产品的质量评定应该严格执行相关的法律法规和有关规定进行检验。

（四）加大对施工单位的监理

加大施工单位的监理，可以推动监理工作达到预定的目标，监理任务得到有效地完成。落实施工单位的监理工作，可从以下几点入手：①严格按照制度文件标准办事，从源头抓起，杜绝审批的纰漏；②监理人员不仅对费用支出进行监督，还要结合施工方案的顶层设

计，工程建筑结构的设计图纸等，使监理工作更高效科学；③认真核准账面数据与实际数据。对两者的差异进行因素分析，对于是客观因素造成的，分清楚是由于人为因素造成的还是因为工程变化导致的，进而落实责任。

（五）加大对施工风险的控制

水利工程项目在施工建设过程中，施工环境复杂、多变，各种影响因素在相互作用、影响下也在不断发生新的变化，因此产生风险很常见的。对于这种复杂多变的情况，最好的方法就是加强对风险的监理。监理者应该依据风险管理经验、风险应对计划、风险识别和分析等材料，跟踪识别风险，监视已存在风险，识别新风险，对项目进行全程的监控，并根据变化对风险管理计划和风险应对计划不断进行修改和纠正，采取恰当的措施保证计划的执行和实施，使得风险的影响降至最低。

（六）加大施工监管力度、提升工程施工监理质量

加大施工监管力度，是实现水利工程施工监理质量控制的重要途径，因此，水利工程在施工过程中要成立专门的施工监管部门，致力于工程施工监理质量的提升。加大监管力度，就要严格按照合同签订的内容进行施工，并制定科学、合理的检查系统，加强对工程建设中用到的各种设备及材料的检查及监理，并对施工过程实施全方位的监管，发现问题要及时调查、分析，尽快采取有效措施进行解决，以确保施工顺利进行。

（七）加强施工阶段的监理控制

施工阶段包括了施工前、施工中以及竣工三个阶段。主要内容：①施工前，监理单位应当严格遵循有关法规以及管理条款来仔细确认工程质量。同时，还应认真检测工程项目设计图纸，并指派具有项目设计专业知识的监理人员来合理评估施工图纸，且根据图纸中的不足提出合理的改善策略。不仅如此，在进行施工前的质量控制时，还应出具全面的检测报告，最后通过整理与总结呈交上级部门审核；②施工阶段，必须严格按照设计图纸及相关要求来进行，严禁擅自改动数据。如果需要进行数据变更，则需要向有关设计人员以及监理工程师进行咨询，通过其审核后，再交由上级部门审批，审批过后才能允许进行设计变更；③工程竣工后，监理人员应当严格根据我国有关质量评定标准来验收已完工工程，且出具相关评审结果报告书。如果检验合格则予以通过。对于不合格的部门则要求施工方在规定时间内进行整改，并根据要求来进行工程交付。通过再次检查，达到规定标准要求后进行验收，以确保整体工程质量达标。

（八）加强施工人员的管理

水利工程监理是覆盖面广、涵盖内容多的一门管理学科，其具有较强的专业性。因此，重视实际监理过程中监理人员的业务素质，强化监理人员的专业能力。一名专业的高素质监理人员，必须具备以下的能力：①高度的责任意识和综合素质。水利工程监理是一项关

系着工程单位安全工作的重要内容，采用恰当的监理方法，减少水利工程中的风险，特别是人员的安全；②对监理内容的敏感度。敏锐的审核力为监理人员提高审核效果提供有力的保障，及时掌握工程动态，察觉工程建设行情的变化，合理运用制度文件，实现对工程安全的有效控制；③应当将监理人员的主观能动性充分发挥出来，让其能够积极地投入到监理工作当中。

工程监理的内容非常广泛，正确掌握监管水利工程建设的方法具有重要的意义。这就要求工程项目监理人员既要端正态度，本着客观公正、严格谨慎、实事求是、认真细致的态度进行审核，坚持原则，灵活应用；同时，也要不断学习、创新，不断提高对监理内容的把控与管理能力，提高工程专业监理水平，提高问题的综合分析解决能力，促进水利工程监理工作的开展。

第二节　水利工程监理要点及其注意事项

水利工程监理就是水利工程的项目法人通过法律途径进行施工管理的委托，由施工单位进行工程组织，以国家相关建设工程的法律法规与相关项目建设文件、工程施工合同和工程监理合同等具有法律效力的文件为依据，科学管理水利工程建设的具体实施。水利工程监理既包括对工程建设中质量的把关，对建设进度的控制，同时也包括对工程建设中涉及的相关内容的管控。

一、当前水利工程监理的现状

（一）发展现状

从当前水利工程施工监理的发展现状来看，监管的力度和强度在不断加强，但是仍然存在着极为突出的问题。主要表现在监理水平未能达到所需的要求。监理队伍的组成人员，在某一方面有极高的专业性，但是综合来看，其整体专业综合素质欠缺，致使在监理过程中，未能对工程建设的全方面进行科学的管理。其次，当前水利工程项目很多通过政府外包，企业来建设，但是在这一过程中，普遍存在着施工企业再次转包、挂靠的现象，政府在这一方面还没有完善健全的法律政策的规定，同样也加剧了监管的难度。

（二）水利工程监理的意义

水利工程包括防洪、排涝、灌溉、水力发电、引（供）水、滩涂治理、水土保持、水资源保护等各类工程及其配套和附属工程。是惠及民生建设的重大工程，也是衡量地方政府绩效的参考指标。加强水利工程监理的建设，对水利工程建设有极其重要的意义。主要表现在确保水利工程安全建设、提高水利工程的效益以及促进水利工程施工效率三方面。

安全是工程建设的最重要内容，也是水利工程监理首先要考虑的内容。加强安全监管，不仅是工程建设的要求，也是对施工工作人员和工程使用者的负责。提高水利工程的效益不仅仅指确保其产生相应的经济效益，也包括生态效益和社会效益，通过加强监管，才能够综合评定水利工程建设的影响。适当的工程监理措施，能够充分调动工程建设者的积极性，落实工程建设的责任，形成工程建设的动态长效的督促机制，从而保证有效率的完成建设任务。

二、水利工程监理的要点

（一）水利工程的安全监理内容

1. 对施工工程队的安全监理

在招标阶段，要对中标单位进行全面客观的审查，确保施工单位真正具备实力工程建设的资质条件。可以从两方面来考虑，其一是监理人员进入施工公司具体考察该公司的运营状况以及公司的资金、技术、设备等内容；其二是通过对该公司曾经承包过的工程的考察，借助于此来判断其工程队的技术能力。

2. 严格规章制度的审核

水利工程监理机构首先要认真编制水利工程的监理规划和监理实施细则，清晰明确界定监理工作的内容和方式。第二要对水利工程施工单位的安全技术进行严格的审核，对相关技术的规范和要求进行明确说明，并在工程实施过程中严格落实，确保对施工队伍规范化的监理。

（二）施工质量的监理

对施工质量进行严格的监理是确保工程建设高质量的重要方面，直接决定了一项工程的持久使用效益。监理人员应该针对工程具体的技术、设备设立相应的核查标准，严格禁止不符合质量要求的机械设备进入施工进程中。对核查结果，必须留有纸质版报表、相关资料以及现场的质检记录，此项工作也能间接促进监理人员严格落实自身的监理职责。

（三）施工进度的监理

在施工单位进场后，施工方应提交详细的施工组织设计，监理工程师应全面具体分析其施工进度计划是否具有可行性，特别是对所涉及的征地移民工作，时间上要留有充分的余地。批准后的进度计划就是监理进度控制的依据。如果出现实际进度和计划进度严重不符合的情况，应做到及早预见、发现，具体分析问题的原因，并且与建设各方进行协调，以保证工程建设的按期完成。对于其他非自然原因而出现的工程进度严重滞后，要明确主体责任，按照相应的奖惩措施进行处理。

三、水利工程监理改进措施

（一）完善水利工程监理质量的管理体系

首先，相关管理部门应强化水利工程监理的意识，促进水利工程监理规范化发展。其次，监理单位自身要增强对监理队伍的专业知识与综合素质的要求，防止相关人员利用其自身职权牟取私利，对监理工作产生不良的影响。要以规范完整的制度建设，预防在水利工程监理领域的"寻租"行为。

（二）加强水利工程监理的监督体系建设

完善水利工程监理的监督体系建设，应该从监督主体、监督内容以及监督有效实施的方法等方面来建设。首先可以使监督主体多样化，在水利部门监管的基础上，增加群众监督以及第三方主体的考核评价，尤其是发挥高校相关学科中专家学者的评定。第二，对于监督的内容以及监督的具体实施应该按照监督细则的规定进行。对工程监理的监督，应该进行详细的记录，便于监理工作的规范和监理水平的提高。

（三）政府加强对水利工程监理的市场监督

目前，很多水利工程建设方式多样化，监理单位为中标各显神通。在对水利工程监理市场的管理中，政府监管发挥着重要作用。要防止各公司之间的不良竞争，同时也要鼓励其承担其相应的社会责任。不能只注重经济利益而忽视其社会责任，将承担社会责任作为考察其公司实力的一个重要方面，完善水利工程监理的市场监管建设。

四、监理技术的创新与发展

（一）采取标准化的管理模式

监理管理模式的标准化，不仅内容要实现标准化，还要从管理形式上对监理工作实行标准化的控制和管理，以确保监理工作的每个环节都按照相关规定执行。而加强对水利工程施工监理的标准化管理，不仅能有效控制施工单位在施工过程中的不规范行为，还能有效提升水利工程的施工质量，提高施工单位的监理管理水平。

（二）提升监理人员的综合素质，增强施工监理效果

1.水利工程的施工监理工作要求监理人员既具备专业的理论知识，又有较高的实践技能水平。所以，监理工作人员还要在日常工作中努力学习各种施工监理技术，掌握各种业务技能。

2.监理工作人员要具备良好的职业道德素质，在工作中应按照相关规定遵守职业准则，

做好水利工程施工过程中的各项监理工作。

3.监理工作人员要具备一定的项目施工经验和合同管理能力，以便在工作中更好地进行协调。比如，在施工现场要在短时间内处理各种问题，还要根据施工合同和相关的法律法规，结合具体的施工情况，在维护双方合法利益的同时，使施工监理效果达到最佳状态。

（三）施工监理前期的工程质量控制

工程质量控制主要包括4个方面：（1）监理部门应在工程项目开工前，严格审查工程承包单位的技术管理体系、质量管理体系和质量保证体系，从而保证项目工程的施工质量；（2）监理部门要对工程的设备、承包方提供的各种技术性能的报告进行审核；（3）对工程施工需要的设备、工程材料等进行检查，并对附带的质量证明、相关资料和进场质检记录进行审核签认，并根据相关规定对进场的实物进行检验和抽查；（4）审查图纸，对工程项目的施工顺序和施工难易程度进行掌握。

（四）施工阶段的质量、进度控制

1.施工监理过程中的质量控制

在水利工程施工过程中，还应对重点部位进行动态控制，监理人员在施工现场要通过随机抽查、旁站监督和平行检测等方面进行质量控制。完成施工后，要做好工程验收工作。在各阶段都要严格按照规定进行质量监督，发现问题后及时解决。在施工管理过程中，要加强对关键环节进行质量控制和整个工程的施工质量控制。

2.施工监理过程中的进度控制

在水利工程施工期间，因为受到部分因素的影响，施工的计划进度和实际进度之间会出现一些偏差，工程监理人员要采取一些检测手段，及时找出导致偏差的原因，从而采取相应的解决措施。如果计划进度和实际进度出现了较大的偏差，还要根据实际情况明确责任，向发包人提出调整计划进度的建议，征得发包人同意后再调整进度计划。

（五）水利工程施工监理过程中的投资控制

水利工程施工监理工作中的投资控制主要是为了完善工程量支付、核定和工程索赔。工程监理人员在工作当中，还要协助工程项目的负责人，解决工程项目设计中的各种问题，计算好承包单位的工作量，以免影响工程的进度，延误工期。同时，工程监理人员还要在复核完承包人所完成的工作量后，签发计量凭证。

综上所述，水利工程的监理目前仍有许多需要完善的地方。我们应结合实际，从质量、进度和效率三方面抓住水利工程监理工作，落实到每一个环节中，树立以质量为中心的水利工程监理的工作理念，严格控制水利工程质量建设。完善水利工程监理能够直接改善水利工程的建设质量，提高水利工程的效用，促进当地民生建设。

第三节　水利工程监理过程中风险控制

一、水利工程监理风险的特点

（一）全程性

从监理单位和委托单位签订合同开始，到水利工程竣工验收结束，双方的委托合同终止，监理单位一直需要承担建立风险。因此，监理单位需要在水利工程建设施工的整个过程中，都要做好监理风险的防范与控制措施。

（二）规律性

虽然不同水利工程的技术难点与重要环节并不相同，但是经验积累和实践表明，监理风险多发生在模板安装与深坑支护等方面的概率较大。因此，监理单位需要在工作中重点控制工程施工的关键环节，做好风险预测和防控工作。

（三）多变性

水利工程施工周期较长，施工过程中收到的影响因素众多。因此，监理过程中的风险也较为多变。例如天气突变就可能影响监理工作中施工命令的正确性，所以监理单位需要加强风险意识，制定详细的防控措施，减少风险造成的损失。

二、水利工程建立过程中存在的风险

（一）设计单位方面产生的风险

设计单位在设计中采用新技术或复杂工艺流程；勘察资料等外部资料的不完整；设计进度的不合理，如设计的施工周期过于乐观；工程设计存在缺陷，如没有了解地质情况就进行设计，在施工中不得不变更设计等。这些因素都会使水利工程设计存在风险，进而影响到水利工程监理工作。

（二）建设单位方面产生的风险

施工单位选择错误；建设单位将水利工程肢解，分包给不同的施工单位；制定不合理的工期目标，要求施工单位盲目赶工期；建设单位盲目干预工程建设，如施工材料采购和工程整改等，这些都会阻碍监理单位开展工作，使得监理目标无法实现。

（三）施工单位方面产生的风险

施工单位私自将工程转包或者分包，没有向监理单位报告；不服从监理单位的管理，在施工中弄虚作假；施工单位管理不善，过分依赖监理单位等。这样既影响水利工程施工的质量，又影响监理单位的工作，给监理工作增加了难度。

（四）监理单位自身产生的问题

监理人才缺乏，监理人员的素质参差不齐；监理工程师没有很好地履行自己的职责或者做出超出自己工作范围，给水利工程项目造成损失；监理单位管理不善，没有与建设单位和施工单位做好沟通交流；监理人员违背职业道德，做出违法违纪的事情等。这些因素会直接给监理工作带来风险，使得监理工作无法达到预期。

三、水利工程监理过程中的风险控制

在水利工程建设施工中，监理单位在了解可能存在的风险以后，需要制定行之有效的措施，对监理风险进行预防和控制，以保障水利工程建设施工的质量，以及工程参与各方的经济利益。

（一）设计单位产生风险的控制措施

在水利工程项目开始建设之前，监理单位需要和设计单位进行及时有效的沟通交流，全面了解水利工程项目及其设计要求。同时，监理单位需要认真审查工程设计图纸。如果对工程设计图纸存在疑问，或者设计图纸和施工现场的情况不相符合，监理单位需要及时将其告知建设单位，并与设计单位进行交流，协助设计单位对设计图纸进行更改和完善，以保证设计图纸满足水利工程项目施工的要求。

（二）建设单位产生风险的控制措施

监理单位与建设单位签订有委托合同，主要是为建设单位提供服务，因此监理单位需要妥善处理建设单位所产生的风险。

一方面，监理单位需要正确处理与建设单位之间的关系，做好建设单位和施工单位之间协调的桥梁，既不能过分偏向于建设单位，置施工单位的利益于不顾，也不能对建设单位有欺骗行为，向建设单位隐瞒工程施工的具体情况，从而取得建设单位对监理工作的理解和支持。例如在水利工程施工中出现问题时，监理单位需要和建设单位进行沟通，及时将情况反映给建设单位，而建设单位需要支持监理单位的工作，相信监理单位会遵守合同约定，处理好施工中出现的问题，保障建设单位的经济利益。

另一方面，监理单位需要对建设单位负责，履行委托合同中自己的责任，并了解建设单位的具体情况。例如在和建设单位签订合同前，监理单位需要向建设单位了解水利工程项目建设资金的来源和资金的数额情况，是否可以满足工程建设所需；建设单位的影响力和信誉情况，以及与其他监理单位合作情况，是否出现诉讼官司和拖欠监理费用问题；建设单位有无水利工程建设的经验，其所为委派的主管人员是否有决策权利等。这有了解清楚这些情况，监理单位才能对建设单位情况进行全面的评估，在与建设单位签订委托合同后，降低或者避免建设单位对监理工作带来的风险。

（三）施工单位产生风险的控制措施

首先，对施工单位将水利工程进行转包或者分包的行为，监理单位需要依据相关标准和实际的情况，采取不同的处理措施。例如对合同规定不允许进行分包的工程，坚决不允许施工单位分包；对允许分包的工程，严格审查分包单位资质，杜绝不合格的分包单位进现场施工；加强对分包合同的管理，要求施工单位将分包合同提交建设单位进行备案，对存在违规行为的分包单位，责令其限期整改，并按照规定进行处罚，拒不整改和不接受处罚的分包单位，坚决进行清退；对施工单位加强管理，杜绝以包代管和包而不管的行为，如果施工单位不能履行合同，则需要扣除其一定的管理费用作为惩处。

其次，如果施工单位中标较低，监理单位需要防止其出现预算超支的情况，对施工单位的施工材料进行严格检查，如产品的合格证、质量检测报告和进场数量等，并到施工的现场对施工材料的规格型号进行仔细核实，看其是否和上报材料相一致，以保证施工材料的质量和数量符合水利工程施工的标准，消除其中可能存在的质量隐患，以免因质量问题出现工程返工情况，增加水利工程项目的施工成本。

最后，监理单位需要明确自身职责，不要做超出工作范围的事情。有的施工单位为了降低施工管理的成本，在水利工程项目施工中，没有按照合同规定配置管理人员和施工设备，而由监理单位代替管理职责。对于此种情况，监理单位要坚决予以拒绝，不能越俎代庖替施工单位安排技术人员和施工人员，以免出现问题时承担不必要的责任，增加了监理工作的难度。

（四）监理单位产生风险的控制措施

首先，监理单位需要在监管的过程中遵守国家的法律法规，严格约束自身行为，按照国家法律规定的标准和要求开展监理工作，制定严格的规章管理制度，提高监理人员的法律意识和责任意识，真正发挥监理单位在水利工程建设施工中的作用。

其次，监理单位需要加强内部管理，提高监理人员的综合素质。例如监理单位为单位人员提供培训机会和实践机会，帮助监理人员丰富监理知识和技能，积累监理工作经验；引进优秀的监理人才，建设高素质的监理队伍；加强与其他监理单位的沟通与协作，互相交流、分享和借鉴监理经验等，提高监理人员的管理意识和质量意识。同时，监理单位需要提高监理人员的道德品质，坚守自己的道德底线，不在工作中做出违法违规的事情，损害监理单位的名誉。

总之，水利工程的监理工作不仅关系到工程施工的质量和工程参与各方的经济利益，而且关系到社会的稳定和人民生命财产的安全，其重要性不容忽视。只有监理单位了解水利工程项目建设中可能存在的风险，做好与设计单位、建设单位和施工单位之间的协作，加强自身内部管理，提高监理人员的综合素质，才能切实保证监理工作达到预期目标。

第四节　水利工程施工阶段监理效果评价

工程监理制度是我国学习世界发达国家的项目监督管理的模式，并将这种制度首先应用于水利工程。项目监理制度在我国生存与发展，适应了我国社会主义商品经济与市场经济不断发展和社会化大大分工的时代趋势。建设监理制度不断提高了水利工程建设项目的管理水平，使得我国的建设项目不断与世界接轨，也是我国深化体制改革，规范建筑市场的前提。但是，目前我国的监理机制还不规范，监理制度在实施过程中还存在很过问题，且项目完工后实施监理的综合监理效果也没有得到具体的研究。开展监理效果的研究对指导监理工程的有效改进以及监理制度不断完善，都有重大的意义。

一、监理效果评价研究的重大意义

（一）监理效果评价是监理单位制定监理计划的依据，也是政府单位完善监理机制，不断建立适应水利工程发展规律的法令、法规，促进监理秩序有效稳定。一方面，监理单位根据监理效果反馈信息，总结今后监理经验提供了定量的数据参考。另一方面，为政府调研监理水平，分析监理市场存在的问题提供了重要参考数据，政府可以根据监理效果评价对监理市场进行综合分析评价，并依据评价反馈信息，制定或完善监理制度，使监理制度不断适用水利工程快速发展的大环境，也使得不断完善的监理制度在水利工程施工中能够起到真正意义上的监督、管理作用。

（二）从项目投资方面上分析监理效果，总结出项目建设过程中造成资源浪费，增加投资的不当行为，以及每种不当行为对项目总投资的影响，为今后项目监理过程中投资的控制提供指导。根据监理投资效果评价不管总结经验，分析原因，从而有效控制工程造价。同样质量、进度监理效果评价，也可以在一定程度上指导监理过程中对施工质量与进度的控制，提高工程质量、缩短工期，从而提高投资效益，间接降低投资成本。

总之，监理效果关系到监理管理水平和项目投资效益，同时也关系到监理行业科学健康大的发展，深入的研究监理效果，可以为水利工程建设主管部门管理水利工程监理行业以及指导监理行业工作提供科学的数据依据。

二、施工阶段监理效果评价内容及指标

水利工程施工阶段工程监理的任务就计划地对建设项目的质量、投资、进度三大目标实施有效监督控制手段，对合同、安全等进行有效管理，因此监理效果评价又是对质量监理效果、进度监理效果、进度监理效果、合同管理效果、安全管理效果的综合评价。

另外，对于项目建设的不同参与方，因为利益不同，关心的监理效果也有很大区别。对于业主单位来说，监理单位是否有效减低了工程变更以及变更索赔。对于监理单位，监理效果就是否完成了业主委托的任务，对施工单位进行了有效的监督，是否有效控制建设项目的三大目标；对于施工单位来说，监理效果就是监理单位是否帮助其有效控制施工成本、施工进度以及监理单位是否有效地进行施工的组织与协调工作。

监理效果评价指标可以分为定量指标和定性指标，定性评价一般情况下是在定量的基础上，另外，监理效果评价内容的数量不同又可以分为单项评价指标和多项评价指标，其中单项评价指标是对项目监理任务中的一种任务完成效果进行评价，顾名思义，多项评价指标就是对项目监理的多个任务的完成效果评价。

三、施工阶段施工监理效果的评价

水利工程施工效果综合评价常用的有专家估测法，加权平分法以及加乘平分法。例如，专家估测法是对每一项评价指标的评价结果进行专家打分，赋予一定的权重值，然后求其加权平均值，根据加权平值确定施工监理效果评价参数，因此，确定施工效果的好坏，是施工监理效果评价的关键。

（一）水利工程施工阶段质量监理效果评价

质量问题是项目参与建设单位关心的核心问题，工程的质量难以保证，之前目标都是免谈。同样，施工阶段质量监督效果也是建设单位、施工单位、监理单位都非常关心的问题，因此，对于质量监督效果的评价也应该从各参建单位的角度对工程质量等级、事故发生情况以及返工与停工等进行综合评价。

1. 从建设单位的角度考虑，已完成项目的质量等级大于等于业主委托的监理目标，则业主方对监理效果评价为好；施工过程中事故发生的次数小于同类项目事故发生的次数，则业主方认为监理效果好；施工过程中因为施工单位的责任，监理单位责令停工的次数大于零，则监理效果评价为好，且停工次数越多，代表监理越负责，监理效果越好。

2. 从施工单位的角度考虑，已完成项目的质量等级大于施工单位预期的目标以及施工过程中质量事故发生的次数小于同类工程发生的次数，施工单位对质量监督效果评价为好。

从监理单位的角度考虑，已完成工程的质量等级大于监理单位的计划目标，实施监理过程中工程质量发生的事故次数小于同类监理工程中的发生次数，则监理单位质量监理效

果较好。

（二）水利工程施工阶段进度监理效果评价

进度监督效果的评价主要是从实际工期、合同工期以及计划工期之间的关系确定。从建设单位的角度分析，工程竣工验收的实际工期小于建设单位与监理单位鉴定的委托合同的工期，则认为进度监理效果好；从施工单位的角度分析，工程竣工验收的实际工期小于施工单位计划工期，则施工单位认为进度监理效果好；从监理单位的角度分析，工程竣工验收的实际工期小于监理方案计划工期，则监理单位认为进度监理效果好。

（三）水利工程施工阶段投资监理效果评价

水利工程投资控制贯穿于建设项目的各个阶段，但是水利工程施工阶段的投资，占工程总投资的 90% 以上，施工阶段投资控制是项目成本控制的关键，因此，投资监理效果严重影响着项目的总投资。投资监理效果的指标分为绝对评价指标与相对评价指标，其中实施监理项目投资降低额为绝对评价指标，实施监理项目投资降低率为相对评价指标。

1. 从施工单位的角度，实施投资监理工程成本降低额大于零，则施工单位任务工程投资监理效果好，反之，施工单位认为监理单位对投资效果不大。

2. 从监理单位的角度，实施投资监理工程成本降低率越大，投资监理效果越显著；实施投资监理工程成本降低率小于行业平均水平，则说明监理单位对投资监理水平低于竞争对手。

监理效果评价关系着建设项目投资效益以及监理行业的健康发展，但是，目前对监理效果评价还处于研究阶段，无法形成完成的监理效果评价体系，因此，水利工程施工阶段监理效果评价体系的建立需要建设单位、施工单位、监理单位共同努力。水利工程施工阶段监理效果评价体系的建立将大幅度提高水利工程管理水平和投资效果，对我国水利工程事业发展有重大意义。

结　语

　　现代水利水电工程的施工技术对于我国经济与社会的发展有着不可忽视的重要作用。然而，现代水利水电工程的施工技术自身涉及的方面很多，且难度系数高，再加之我国水利水电领域在现代水利水电工程施工技术方面的研究还没有达到一定的深度，为我国现代水利水电工程的建设带来了一定的阻碍。因此，我国水利水电领域的专业人士应该加强对施工技术的研究，并且从施工技术的多个方面进行分析，从而研究出有利于现代水利水电工程的施工技术，促进该领域的发展和进步。